漸成基因
與遺傳設計

江建勳——著

臺灣商務印書館

推薦序
大腦、基因與精神疾病

　　縱使孔思的「科學革命」理論風行一時，人間的知識仍然是累積的文化遺產，這一代的人承接上一代所傳授下來的知識，予以消化、整理、揚棄，進而添進新發現新創獲，再傳遞給下一代，故這知識遺產，不管它算人文、音樂、法律或科學領域，都該為任何人所享用。

　　但這種天下知識為公的理想，不啻是個幻想而已，有人或因家庭背景較好，或因頭腦秉賦較佳，學習了某領域較多的知識，若這些承繼人類共同財產的人，能踵事增華，以之服務大眾，自然是極美善的，若這些人以之為職業，得一溫飽，當然也無可厚非。

　　但若一些人所承繼的知識，成了他們剝削缺乏這類知識之人的工具，以成就他們遠超過一般人的財富或權勢，這就大大辜負古人創此文化遺產的德澤了。

　　就以醫學知識為例，它雖然是人類幾百萬年以來的智慧及經驗之總匯，但它有兩項特性，使它特別容易被壟

斷，而成為人剝削人的工具。

其一是它的重要性：任何人都可能生病，故任何人都需要這類知識，這特性使之與文學知識或音樂知識大相逕庭，擁有後二種知識，生活可能更豐富，生命的情調可能更美，但缺乏的人並不因之而困頓或死亡，但醫學知識對任何人均有益。

其二是它的累積性：醫學不但基於當代學說，也奠基於大量經驗，現代醫學更加嚴重，例如沒解剖學、組織學、生物化學、微生物學、生理學、病理學及藥理學的知識，就無法了解臨床醫學實務，而缺乏長期臨床經驗之累積，也難以熟練的運用紙上的醫學知識。

從上面兩項特性出發，加上現代醫學教育的排他性，也即只有考上醫學系的人才能學得全套醫學知識，而只有醫學系畢業者才能考醫師執照，使得醫學知識被一些人壟斷，進而成為剝削他人的工具。

大學的作用，一方面是傳遞前人的知識給下一代，另一方面也該解放知識於平民，進而創導改革，揭發現今制度不合理處，以開創更公平更正義更博愛的人間社會。

是以科學普及工作，雖然並不容易，有其神聖特性，而能將醫學知識普及，更是普羅米修斯的德業，這位希臘神話中的人物，憐憫人類沒火，從天上偷火到人間，因而被宙斯酷刑，但人類卻是永恆的尊崇他！

好友江建勳教授孜孜於醫學知識的解放，在輔仁大學及世新大學傳授最新的醫學知識，他把關於遺傳、大腦及精神疾病的深入研究，以通順優美的文字，授予莘莘學子，這是崇高的功績，而不曾汲飲醫學甘泉的大學生，在嚐此甘霖之後，豁然開朗，進而大量吸收醫學知識，以維持自我健康，將是這一本文集的最佳效能。

江建勳教授多年熱心科學教育，不輟地參與「科學月刊」的編輯及撰稿，現已有第三本文集問世，我趁此機會，祝賀他筆耕有成、解放知識有功。

陽明大學　程樹德

自　序

　　近代生物學的進展極為快速，遠超過其他基礎科學，甚至到達目不暇給的地步，尤其西元 2000 年時人類基因組定序計畫草圖完成後，整個基因組學的研究突飛猛進，科學家由基因的開啟與關閉來解釋許多生命現象如疾病之生成與治療，希望替人類解決最大難題。一般人對科學不易了解，甚至產生恐懼心理或聽信坊間胡言亂語，因此出現反科學甚至反智行為，實為不智，科學普及化固然有其難處，因為科學本來就有基本門檻需要學習，但是如果有正確與明白描述知識的文章發表，或許會引發讀者閱讀的興趣，進一步探究字裡行間的意義，潛移默化間對相關科學知識更加有學習的動機，此為本書最大目的。

　　本書主要呈現近數年來生物醫學研究新知識的發展，主要是有關演化學、基因學、大腦科學與精神疾病間之關聯，達爾文的演化學不斷受到小規模的挑戰，固然無法撼動其主流地位，卻也給其他科學家帶來另類思考的空間，有人提出非基因遺傳學講法，把法國自然學家拉馬克的後天遺傳說從理論的垃圾堆裡撿出，因為在過去十年來，發

現環境因子如飲食或壓力都具有生物學作用，而且可以遺傳至後代且不發生任何基本 DNA 序列的改變，有些科學家已經接受此想法而稱其為「新拉馬克學說」。細胞內的基因活性是受到管制，在人類發育期及一生不同階段會被開啟與關閉，科學家對此機制愈來愈有興趣，逐漸發展出所謂「漸成基因作用」，用以解釋環境因子與生理作用間之相關性，而神經生物學的發展也受到影響，雖然目前只是在其養成期，卻也可推論生命早期的經驗如何型塑行為的發生，難道生命經驗會改變 DNA 嗎？的確有科學家相信答案就是如此，DNA 受到化學修飾就改變蛋白質之製造與否，接著影響以後體內的生物化學反應，最後造成行為變異的表現。

在變動世界中存活的關鍵是不斷變化，而演化的呈現方式可能會產生更多變異，導致科學家思考基因表現是否有不確定性，如此可增進物種的存活機會，因此推論演化作用具有兩邊下注的可能性。漸成基因改變在演化中的角色引起許多爭論，少數科學家認為啟動遺傳的漸成基因改變是一種適應作用，將某種程度的隨機性引介入基因表現模式，在多變的環境中，線性方式可產生具有不同模式表現的後代是最可能持續之演化過程，這就是「不確定性假說」。基因是製造蛋白質的食譜，也就是生命的建構基石，一般新基因演化最明顯方式是經由逐漸累積小型及有

利的突變，而較不明顯的方式是現存具重要功能的基因如何演化成不同基因，有趣的是演化並不挑剔，只要能得到，演化就採用新基因，甚至認為自然選擇是一種侵略性的機會主義者，原料來源其實無關宏旨，而這些新基因來自何處？這個問題引發科學家許多探討。

父母親的基因如何型塑你的大腦？科學家認為孟德爾對遺傳學的了解並不完整，因為由父親及母親得來的基因對於發育中胎兒的影響並不相同（不相等），胎兒受到的影響取決於由哪一個親代遺傳到的基因產生效果，這些基因就稱為「作過印記的基因」，具有分子印記會將基因關閉，如果基因活性間平衡精巧，就會產生健康嬰兒，但是當平衡被破壞，這些做過標記的基因將影響大腦，印記錯誤則形成發育異常，而最近科學家開始懷疑甚至可能導致常見的精神疾病，如自閉症、精神分裂症及阿茲海默氏症等。人類具有相同基因，因此有可能此情況影響我們的社會行為。

今日神經生物學家愈來愈專注於我們的生活方式如何深遠及長期地改變我們的大腦與神經細胞間的連接，大腦是由經驗來型塑，也就是人類經驗改變大腦的發育過程，人類基因組計畫的完成讓科學家體認到基因與經驗間複雜的交互作用，經驗調控基因表現，因而導致重大行為差異，例如漸成基因作用經由環境因子，如創傷、虐待或飲

食，會對人類產生長期效應。對於精神疾病新觀念的發展，科學家發現生命經驗能真正改變人類心靈，藉某種化學物質與 DNA 相接，就改變了基因的開啟或關閉，開始或停止某些重要蛋白質的製造而影響一個人的精神狀態，即分子變異會誘發精神疾病的發生，這些新穎的研究就形成所謂「精神疾病的新基因學」。

高度壓力會造成兒童的生理傷害，不但如此，如果兒童期受到各種形式的虐待更會引起他們成年時產生精神異常的疾病，虐待的種類包括肉體虐待、情緒虐待與性虐待，遭受虐待極易罹患創傷後壓力症候群，大腦裡與記憶及學習有關的構造，生命早期之逆境會對後來成年的精神及身體健康造成長期不利影響。德國科學家研究發現在早期生命產生的創傷與壓力能重大影響基因，最後產生行為問題，而且憂鬱症的發作有可能是在幼兒期遭遇不幸事件如虐待後誘發。

本書其他議題如〈完美主義者不完美〉、〈霸凌心理學〉與〈強迫行為異常症——錯在基因還是大腦？〉等都與大腦、基因及精神疾病息息相關，皆為探討大腦與基因知識的新研究成果，大腦科學加上基因學使得神經科學家更能深入了解人類精神疾病之領域，不但對疾病原因亦且對治療方法進一步研發，讀者如對此類知識感興趣，相信閱讀本書會給讀者帶來許多樂趣。

目　錄

重寫達爾文
——新的非基因遺傳學

在達爾文發表《物種原始》（*On the Origin of Species*）前半個世紀，法國自然學家拉馬克（Jean-Badptiste Lamarck）概述了他自己的演化理論，此理論的基礎為人一生後天所獲得的特性能傳給他們後代的想法，在那時，拉馬克的理論通常被忽視或被諷刺，然後來了達爾文及孟德爾發現的遺傳學，在最近幾年，依據道爾金（Richard Dawkin）「自私基因」（selfish gene）觀念的想法已經主導有關遺傳學的討論，除了在十九世紀後期及二十世紀早期例外出現短期興趣之外，「拉馬克學說」（Lamarckism）已經長期被掃入理論

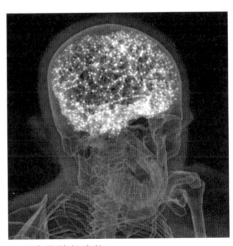

一百兆的神經連接

的垃圾場。

　　如今情況卻完全改觀，沒有人爭論說拉馬克每一件事都對，但是在過去十年，情況變得愈來愈清楚：環境因子（如飲食或壓力）能具有生物性後果，可傳衍給後代而不發生任何基因序列的改變，實際上，某些生物學家已經開始考慮此過程是例行性的而完全接受此想法，挑釁地稱其為「新拉馬克學說」（new Lamarckism），這將表示一種在根本上重寫近代演化理論，有某些人視其為異端邪說並不令人驚奇，以色列特拉維夫大學的伊娃・雅布朗卡（Eva Jablonka）解釋：「這表示自私基因理論的死亡，」「整個有關遺傳與演化的說法都將改變。」這並非全部，對公共衛生的衝擊可也是非常大，某些研究人員談到有關了解疾病原因的一個典範轉移，例如，非基因遺傳學可能解釋目前的肥胖流行，或為何對於某些癌症與其他異常疾病顯現家庭模式，但是卻沒有可識別的基因原因，「這是一個全新的方式來檢視許多疾病的遺傳與原因，包括精神分裂症、兩極性異常症及糖尿病，以及癌症。」澳洲新南威爾斯大學癌症研究中心的羅賓・瓦德（Robyn Ward）如此表示。

　　拉馬克有關真正非基因遺傳如何可能產生作用的想法是最了不起的，例如他寫道：長頸鹿的脖子一代接著一代變得更長，是因為動物有向上伸長脖子吃到樹頂葉

子的習性，相反地，最近的研究則在生物機制上發展出一個堅實的基礎，就是所謂「漸成基因改變」（epigenetic change）。

「漸成基因作用」（epigenetics）解釋在細胞內基因活性如何被管制，哪些基因被開啟或關閉，及所有這些情況都發生時哪些基因功能如何及何時變弱，例如，一個人肝臟與皮膚細胞含有完全相同的 DNA，這兩種器官特殊的漸成設定顯示組織看起來非常不一樣並執行完全不同的工作，同樣地，在不同發育階段及整個生命期，不同基因可能在相同組織中會表現，研究人員對於真正何種機制控制所有這些情況的了解還差得遠，但是他們獲得了某些進展。

在細胞核內，DNA 捲曲摺疊被一些稱為「組織蛋白」（histones）的蛋白質束包圍，它們帶有尾巴由核心伸出，影響基因表現的一個因素是這些尾巴經過「化學修飾」（chemical modifications）的模式，例如乙醯及甲基群存在與否，基因也能直接經由甲基群結合至 DNA 上的酵素而「失去功能」（silence），所謂「RNA 干擾作用」（RNA interference, RNAi）系統能經由小型 RNA 股指揮此活性，同時控制 DNA「甲基化作用」（methylation）及改變組織蛋白，這些 RNAi 分子係針對信使者 RNA（股的長度要長得多，作為在 DNA 序列及預定製造蛋白質間

的中間物質），藉打碎信使者RNA成為許多小段，RNAi製造出漸成基因「標記」（marks）來控制基因活性。

我們知道基因（可能也包括非編碼 DNA）控制RNAi，也因此在決定一個人的漸成基因設定上產生作用，然而情況變得愈來愈清楚，環境因子也具有直接影響，帶有可能改變生命的衝擊，最明顯的例子來自蜜蜂，所有雌蜂都由基因完全一樣的幼蟲發育出，但是那些餵食「王漿」（royal jelly）的蜜蜂卻變成具有生育力的蜂后，而其他蜜蜂註定一輩子成為無生殖能力的工蜂，在2008 年 5 月，澳洲國立大學由雷斯查德・馬雷茲卡（Ryszard Maleszka）領導的研究小組顯示漸成基因機制可解釋此現象，科學家使用RNAi來關閉蜜蜂幼蟲中一個製造「DNA甲基轉變酵素」（DNA methyltransferase）的基因，這是將甲基群加至DNA上所必須的一種酵素，結果大部分這些幼蟲孵出成為蜂后，而牠們從未吃過王漿註①。

所有雌蜂（包括蜂后）都由基因完全一樣的幼蟲發育，因此對蜜蜂而言，在早期發育時所吃的食物產生一種漸成基因設定具有一輩子根本性的影響，當然這是一個極端的例子，但是研究人員開始體認到在其他動物也有相似機制產生作用，甚至包括人類。對蜜蜂似乎有一個極端重要的早期階段，在其個體基因的表現模式被大

程度地「程式化」（programmed），而環境因子能嵌入此程式化過程，可能具有長期健康影響。

在 2000 年，美國杜克大學的藍迪‧耶特（Randy Jirtle）領導以一種基因完全相同的小鼠進行一個突破性的實驗，這些小鼠攜帶 agouti 基因，使得牠們變得肥胖並傾向產生糖尿病與癌症，耶特與其學生羅伯‧瓦特藍德（Robert Waterland）在受孕前及懷孕期間給一群雌性小鼠一種富含甲基群的食物，結果發現後代小鼠與親代非常不同，牠們不但瘦而且可活至耄耋之年，雖然剛出生小鼠遺傳到可造成傷害的 agouti 基因，但甲基群結合至基因且減弱其功能。

耶特然後嘗試添加genistein至食物給懷孕agouti小鼠吃，這是一種在大豆中發現類似「雌激素」（oestrogen）的化學物質，劑量設計為與一個人吃高黃豆飲食的消耗量相比較，這與減少癌症危險及含較少量身體脂肪有關，結果這些小鼠也更容易生下體瘦、健康的後代，而且較少機會在成年時變得肥胖，這種改變與包括在管控agouti基因活性的六個DNA鹼基對位置上甲基作用增加有關。

這些實驗與其他動物研究強力建議懷孕女人的飲食能影響她小孩的漸成基因標記，因此某些營養成分的作用被稱為有問題或許並不令人驚奇，例如folate是一種有力的甲基供應者，這是在某些國家（包括美國）例行性

推薦在懷孕時添加入穀類加工食品中，因為如果在懷孕期前後吃入可減少發生「脊髓管缺陷」（spinal tube defects）的危險，但是耶特懷疑是否這也會誘發目前還未知的、傷害性漸成基因的影響。

飲食並非唯一環境因子能影響某些基因其漸成基因設定，加拿大馬基爾大學的麥可・敏尼（Michael Meaney）與同事已經發現被母鼠忽視的新生小鼠在成年期時更常表現害怕行為，這些小鼠顯示包括在壓力反應時某些基因的甲基化作用要比正常高得多，出現更清晰的提示為，這些小鼠同時呈現出一種反轉漸成基因改變的可能方式。

在人類也是如此，有許多惱人的提示出現：在生命早期（此時大腦仍然在發育中）時的傷害經驗能影響漸成基因設定，或甚至有災難性的結果。在 2008 年 5 月，敏尼與其同事報告一個有關十三個男人自殺的研究，所有人都是兒童受虐的犧牲者，與死於其他原因的男人比較，在自殺者的大腦裏出現顯著漸成基因差異，該研究小組解釋，這可能是由於兒童期受到虐待而引起漸成基因標記改變，那麼這種改變是否也造成這些人的自殺？

最近的證據指出不正常的漸成基因模式在精神健康異常上扮演一個角色，在 2008 年 3 月，加拿大「上癮及精神健康中心」（the Centre for Addiction and Mental health）的阿特雷斯・派特羅尼斯（Arturas Petronis）與其同事第一次報告，對三十五個罹患精神分裂症的人進行死後大腦組織「全漸成基因組」（epigenome-wide）的掃瞄，他們發現有一個獨特的漸成基因模式，控制大約四十個基因的表現註②，其中有幾個基因與神經傳導物、大腦發育及其他與精神分裂症相關的過程有關，派特羅尼斯解釋說，這些發現展示出對一種新方式了解精神疾病的基礎研究，由於疾病帶有重要的漸成基因組成。

由於在敏尼研究中的自殺者，這些漸成基因標記可能在發育時出現，然而也有其他暗示指出罹患精神分裂症的人可能相反地由他們的父母親遺傳得病，並轉而可能將標記傳給自己的小孩，在理論上，哺乳動物的不同代間會將漸成基因標記擦拭掉，然而令人困惑的是，在派特羅尼斯的研究對象中其DNA甲基化作用的異常並不侷限於他們的額葉皮質，而也存在於精子裏，研究小組成員約納桑・米爾（Jonathan Mill）表示：「此情況認為有可能遺傳之漸成基因異常性造成精神分裂症及兩極性異常症的家族遺傳。」他在英國倫敦大學國王學院精神疾病研究所工作。

此研究結果只是建議性，但是當其針對癌症時，證據則更有力，已知當一個關鍵性修補DNA的基因 *MHL1* 變得被甲基群覆蓋防止其產生功能時，某些大腸直腸癌

會發作，在 2007 年，瓦德與其同事發表一個罹患此種癌症的女人與其三個小孩的研究，*MHL1* 基因在兩個小孩體內活化，但是一個兒子的基因被嚴重甲基化，結果被關閉的基因像他母親一般註③。

該論文在癌症研究人員間引起一陣轟動，因為研究提出一個全新的方式即此疾病危險可能會遺傳，當然該發現說不定是偶然的，或兒子可能遺傳到此基因甲基化作用的遺傳習性，而非漸成基因標記本身，然而由該篇論文出現起，直接遺傳性開始看起來更為可能，其他研究小組已經鑑定出類似家庭，而在所有病例中其作用似乎經由卵藉母親途徑向下傳遞，*MHL1* 基因在受影響男人的精子中似乎正常。

某些漸成基因標記也可能由父親遺傳，然而，在一個發表於 2005 年如今是傳統的研究中，美國愛達荷大學的馬修・恩威（Matthew Anway）與同事顯示在子宮裏雄性大鼠暴露於普通作物殺菌劑 vinclozolin 後，其生殖力比較低，並且發作癌症及腎臟缺陷的危險性比正常要高，不只這些影響會傳給牠們的後代，再經過後三代仍然也經由父親傳給兒子註④。該研究小組發現 DNA 沒有發生改變，只有改變過的 DNA 甲基化作用模式出現於這些大鼠的精子裏，因此建議是漸成基因因子造成。

第二年，美國馬里蘭大學一個研究小組發現吸入古

柯鹼的雄性小鼠會將記憶問題傳給牠們的小鼠，再一次，牠們的精子顯示沒有明顯DNA損傷，但是在製造精子的輸精小管裏，研究人員發現在DNA甲基化時所使用兩個酵素的量發生變化。

在人也是如此，有證據顯示環境對父親及母親的影響能在他們小孩產生改變，此情況使某些研究人員考慮一種令人吃驚的可能性，即目前在已開發國家中第二型糖尿病的流行及肥胖與我們父親及我們祖父所吃的食物有關？

目前肥胖流行與我們父親及祖父所吃食物有關？營養似乎的確具有長期作用，依據由英國倫敦大學學院兒童健康研究所馬可仕・潘布雷（Marcus Pembrey）與其同事進行的研究，他們分析瑞典北方歐佛卡力克（Överkalix）隔離社區的記錄，發現祖父在年齡九至十二歲間受苦於食物短缺的男人比他們的同伴活得久註⑤，對於女人也有類似之母系影響存在，但是在此案例目前最大的影響在於孫女的長壽現象，這是當祖母在子宮中或是嬰兒時發生食物受到限制的情況，這似乎在食物供應相對貧乏時人類反而生長茁壯，該研究小組的結論認為，在這些條件下某些種類的關鍵資訊（或許是自然界中的漸成基因作用），被精子及卵形成的關鍵階段把握住，然後代代相傳。

潘布雷的研究小組也檢視最近英國的紀錄，是「愛汶雙親與兒童縱長研究」（Avon Longitudinal Study of Parents and Children）所收集，他們鑑定一百六十六位父親報告在十一歲前開始抽煙，並發現這些父親的兒子（並非女兒）在九歲時身體質量指數的值要比平均數高得多。同時在 2006 年，臺灣大學的陳秀熙教授（Tony Hsiu-Hsi Chen）與其同事報告，規律性咀嚼檳榔的男人其後代具有兩倍危險性於兒童期發生新陳代謝症候群，檳榔也與咀嚼者本身新陳代謝症候群的幾種症狀有關，包括增加心跳、血壓、腰圍及體重。母親的營養也可能影響兒童形成肥胖的危險，在 1944 年及 1945 年飢荒時期，懷孕六個月（頭兩次三個月）的荷蘭女人，後來生出之男孩在其十九歲時非常容易長成為胖子。所有這些結果都提出一個重要問題，即為何在製造精子或卵的時期前後，或在胚胎時期，像是食物攝取或抽煙等因素，對於兒童新陳代謝及體重具有影響。

潘布雷解釋說，食物太多或太少的時期延長，可能啟動一種基因表現模式的開和關，結果產生青春期較早出現也因此較早死亡，而這可能是會遺傳的。「為何某些人體重更容易增加的原因是因為他們使用新陳代謝基因的方式不同，這些基因在生命早期對不良環境條件（例如盛宴）的反應已經變得被程式化符合漸成基因性，此

情況可以解釋目前在西方第二型糖尿病及肥胖的流行，這些國家食物非常豐盛。」美國西雅圖華盛頓大學的萊恩哈德‧史特格（Reinhard Stöeger）如此解釋。他認為在近代人類出現很久以前，新陳代謝基因網路的演化被食物相對稀少性磨練，而非盛宴或飢荒，對應環境使漸成基因關閉延長可能也導致 DNA 改變，將漸成基因標記「鎖住」（locks in），史特格認為情況就是如此。

在最近發現的許多結果之中，一群基本問題如今被高舉，如果我們所吃的食物會影響我們的孫輩，我們是否必須要更小心？如果真是如此，以何種方式進行？我們是否應該更關心有關戰爭或虐待兒童的長期影響？我們可否選擇一種食物以減少我們自身及我們小孩罹患癌症的危險？我們才剛剛開始獲得有關如何回答這些問題的跡象，但是有一件事十分清楚：基因只是故事的一部分。

註① 資料來源：DOI: 10.1126/science.1153069.
註② 資料來源：*The American Journal of Human Genetics*, vol 82, p 696.
註③ 資料來源：*The New England Journal of Medicine*, vol 356, p 697.
註④ 資料來源：*Science*, vol 308, p 1466.
註⑤ 資料來源：*European Journal of Human Genetics*, vol 14, p 159.

為何基因並非命定

　　風雪颳過遙遠一望無際的瑞典北方，不像是一個展開有關最尖端基因科學故事的地方，諾伯頓（Norrbotten）位於該國最北邊的鄉下，幾乎沒有人類居住；平均每平方哩只有六個人生活於其間，然而這個微小族群卻能表現許多基因如何在我們每日的生活中產生功能。在十九世紀時，諾伯頓是如此被隔離，如果收成不好，人們就得挨餓，飢荒年代對於人們的不可預測性是更加殘忍，例如，1800、1812、1821、1836 及 1856 這些年穀物完全沒有收成並且極端受苦，但是在 1801、1822、1828、1844 及 1863 年，這片土地溢出如此豐盛，經歷前一個冬天相同挨餓的人如今卻能飽食好幾個月。

　　在 1980 年代，拉斯・歐洛夫・拜格倫醫生（Dr. Lars Olov Bygren）是一位預防健康專家（他如今在瑞典尊榮的卡洛林斯卡研究院工作），開始感到懷疑在十九世紀節慶及飢荒年代可能對於在諾伯頓長大的兒童造成何種長期效應，而並非只是對他們，並且同樣也對他們的小孩及孫兒有影響。因此他隨機取得 1905 年出生於諾伯頓

歐佛卡力克斯教區（Overkalix parish）九十九個人的樣品，並利用歷史記載回溯追蹤他們的父母親及祖父母至出生時，藉分析精細的農業紀錄。拜格倫與兩位同事可確定當父母親及祖父母年輕時能獲得多少食物。大約他開始收集資料時，拜格倫對於顯示人在子宮內的情況會影響健康（不只是胚胎而且十足進入成年都一樣）的研究已經感到迷惑，例如在 1986 年，《刺胳針》（*Lancet*）期刊發表兩篇石破天驚之論文，第一篇顯示如果一位懷孕婦女吃得很差，她的小孩在成年期罹患心臟血管疾病的危險要比平均一般人顯著較高，拜格倫感到奇怪是否

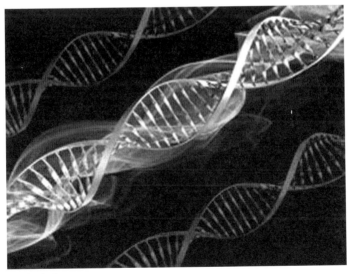

DNA 分子

這種影響即使在懷孕之前就會開始：父母親傳衍給後代的特性可不可能受到他們生活早期經驗的影響而多少改變了？

這是一種邪門異端的想法，究竟我們對於生物學具有長期確立的觀念：不論我們在生活中所做的什麼選擇都有可能催毀我們的短期記憶或使我們肥胖或加速死亡，但是它們不會改變我們的基因（我們實際上的 DNA），這表示當我們有自己的小孩時，基因的版塊就被清理乾淨，更甚的是，我們不認為任何此種自然作用（環境）對於動物的天性（基因）的影響會如此迅速產生。達爾文《物種起源》（*On the Origin of Species*）在 2009 年 11 月慶祝其一百五十週年，教導我們演化改變的發生超過許多代並經過幾百萬年時間，但是拜格倫與其他科學家如今累積了歷史證據建議強有力的環境條件（例如由於飢荒而接近死亡）能多少留下一種印記在卵及精子載有的遺傳物質上，這些基因印記能縮短演化過程並在人單獨一代上傳衍新的特徵，例如拜格倫的研究顯示在佛卡力克斯，男孩享受那些稀有而過度豐盛的冬天後（在單一季節內小孩由正常飲食進入暴飲暴食），結果生出的兒子及孫子卻活得較短，壽命要短得多：在拜格倫所寫第一篇有關諾伯頓的論文中，在 2001 年發表於荷蘭期刊（*Acta Biotheoretica*），他表示歐佛卡力克斯過度進食男

孩的孫子，他們卻比經歷貧乏收成的人的孫子平均早死六年，一旦拜格倫與其同事控制某些社會經濟變數，壽命差異即跳升至驚人的三十二年，後來許多論文利用諾伯頓不同群的人研究，同樣發現生命期顯著下降，也發覺此現象可應用於女性，表示經歷由正常飲食至大吃大喝的女孩其女兒及孫女壽命也比較短，簡而言之，該數據建議在小孩時單單一個冬季過度飲食就會引起一連串生物變化，導致一個人後代的孫輩比他們的同輩早死幾十年，這如何可能發生？

遇見漸成基因組

答案在於超越「先天與後天」（nature and nurture）兩者之外，拜格倫的數據（同時與那些過去二十年來許多其他科學家個別研究的數據一樣），已經誕生了一種新的科學稱為「漸成基因作用」（epigenetics），其最基本之概念為：漸成基因作用是研究基因活性的改變，並未包括基因密碼改變，但是仍然會傳衍下去至少一個連續後代，這些基因表現的模式被細胞物質「漸成基因組」（the epigenome）所控制，其座落於基因組頂端，剛好在其外面（因此字首為 egi-，表示在其上），就是這些漸成基因「標記」（marks）告訴你的基因該開啟或關閉，應大聲講話或悄言細語，經由漸成基因標記，環境因子像

是飲食、壓力及父母親的營養都能在基因上作出一個「印記」（imprint），由一代傳衍至另一代。

漸成基因作用同時帶來好消息及壞消息，先提壞消息：有證據顯示生活形態的選擇像是抽煙及吃得太多會改變你DNA上的漸成基因標記，以多種方式引起肥胖基因表現其自身過度強烈、以及壽命基因表現其自身過度軟弱，我們都知道如果你抽煙或吃得過量，你就會縮短你自己的壽命，但是這變得十分清楚那些相同的不良行為也能預定讓你小孩生病及早夭（甚至在他們受孕前）。

好消息是：科學家在實驗室裏正在學習如何操作漸成基因標記，這表示他們正在簡單地藉關閉壞基因並快速開啟好基因來發展藥物治療疾病，在 2004 年美國食品及藥物管理局第一次核可一種漸成基因藥物，Azacitidine是用來治療罹患「脊髓發育不良症候群」（myelodysplastic syndromes, MDS）的病人，這是一群罕見且致命性的血液惡性症狀，該藥物利用漸成基因標記調降基因在血液中已經過度表現的先成細胞，依據 Celgene Corp.公司（美國製造azacitidine的公司）調查，經過診斷罹患嚴重脊髓發育不良症候群的病人給予 azacitidine 治療後平均活兩年；而那些服用傳統血液藥物的人只活十五個月。

由 2004 年開始，美國食品及藥物管理局已經核可三種其他漸成基因藥物，它們被認為在刺激抑制腫瘤基因

上至少部分有效（該疾病因有此基因而不發作），對於進行中漸成基因研究非常大的希望為敲打一個生化開關，我們能說基因在控制許多疾病中扮演一個角色，包括癌症、精神分裂症、自閉症、阿茲海默氏症、糖尿病及許多其他疾病，就長期而言，我們握有王牌來對抗達爾文。滑稽的事為，科學家至少由 1970 年代開始已經知道有關漸成基因標記，但是直到九〇年代，漸成基因現象於主角 DNA 而言被認為是一個餘興配角，為要確定起見，漸成基因標記總是被瞭解為十分重要：畢竟，在你的大腦及腎臟細胞含有完全相同的 DNA，而科學家長久以來就知道：只有當關鍵漸成基因作用開啟或關閉子宮裏的正確基因時，未成熟細胞才會分化。然而最近研究人員已經開始體認漸成基因作用也可協助解釋某些科學謎題，這是傳統基因學從未解決的：例如，為何一對同卵雙胞胎中的一人會發作兩極性異常症或氣喘，即使另一人是健康的，或為何自閉症發生於男孩的次數是女孩的四倍，或為何在諾伯頓飲食極端改變一段短時間就會導致壽命的極端變動，在這些案例中，基因可能相同，但是他們表現的模式已經明顯地被扭曲。生物學家提出這種類推性作為解釋：如果基因組是硬體，那麼漸成基因組就是軟體。「如果我要的話，我能下載微軟系統在我的麥克電腦上，」美國沙克研究院生物學家及漸成基因作用研

究科學家約瑟夫・艾克（Joseph Ecker）如此解釋說：「在那裏你將有相同的晶片，即相同基因組，但是軟體不同，而結果就是產生一種不同的細胞種類。」

如何製造出比較優良的小鼠

如同漸成基因作用所述的同樣重要，其多種機制中至少有一種在化學上十分簡單，達爾文告訴我們對於一個基因組的演化要花許多代的時間，但是研究人員已經發現只要添加一個甲基群就可改變一個漸成基因組，甲基群在有機化學中是一個基本單位：一個碳原子連接至三個氫原子，當一個甲基群連到基因的一個特殊點時〔此過程稱為「DNA 甲基化作用」（DNA methylation）〕，能改變基因的表現，將其開啟或關閉，使其低沈或使其高亢。在 1970 年代曾提出 DNA 甲基化作用改變一個生物體特性的重要性，然而直到 2003 年，任何以 DNA 甲基化作用做實驗的人都十分具戲劇性，就像杜克大學腫瘤學家倫帝・約特（Randy Jirtle）與他的博士後學生羅伯・瓦特藍德（Robert Waterland）所做，那一年，他們以一個獨特管制之「灰色基因」（agouti gene）進行優雅的小鼠實驗（這個基因給予小鼠黃色皮毛及當持續表現時傾向發生肥胖及糖尿病），約特研究小組以一種富含維他命 B（葉酸及維他命 B12）的飼料餵養一群灰色懷孕小

鼠，另一群基因相同的懷孕灰色小鼠在懷孕前就沒有以此種營養來飼餵，維他命 B 的作用為甲基的供應者：它們讓甲基群在子宮裏更常接觸到灰色基因，而因此沒有改變小鼠 DNA 基因組構造（只簡單地供給維他命 B 即可），約特與瓦特藍德讓灰色母鼠生產健康棕色小鼠，具有正常體重而沒有罹患糖尿病的傾向。近來其他研究也顯示環境有能力影響基因表現，例如，果蠅暴露於一種稱為 geldanamycin 藥物後，顯示在牠們的眼睛發生不尋常地過度生長情況，後代會持續至少十三個世代即使 DNA 沒有發生改變（而第二代至第十三代並未直接暴露於藥物）。相似地，根據一篇 2009 年發表於《生物學回顧季刊》（*Quarterly Review of Biology*），以色列特拉維夫大學研究漸成基因作用的先驅人物伊娃・雅布朗卡（Eva Jablonka）及蓋爾・拉茲（Gal Raz），以一種細菌餵養蛔蟲會出現小而粗短的特徵及一種被關閉之綠色螢光蛋白質；這種改變持續至少四十代（雅布朗卡與拉茲的論文已經分類出大約一百種漸成基因遺傳性）。

漸成基因改變能否形成永久性？有可能，但是重要的是要記住漸成基因作用並非演化，並未改變 DNA，漸成基因改變代表對環境壓力的一種生物反應，這種反應會藉由漸成基因標記被遺傳而經過許多世代，但是如果將環境壓力去除，漸成基因標記最後終將消退，而 DNA

密碼經過一段時間就開始恢復至其原始作用，這是目前所思考的想法，無論如何：只有「自然選擇」（natural selection）才引起永久性的基因改變。然而如果漸成基因遺傳並未永遠持續，但卻非常具有威力時將如何？在2009年2月，《神經科學期刊》（*Journal of Neuroscience*）發表一篇論文顯示，即使記憶（非常複雜的生物及心理過程）經由漸成基因作用能被改善由當代傳至下一代，該論文由塔虎茲大學生化學家賴瑞‧費格（Larry Feig）主持進行一個小鼠實驗，費格的研究小組將罹患遺傳性記憶問題的小鼠關在一種放置許多玩具、運動及引起額外注意的環境裏，這些小鼠顯示在「長期擴增作用」（long-term potentiation, LTP）上獲得顯著改善，這是一種神經傳導作用且是記憶形成之關鍵，令人感到驚奇的是，實驗小鼠的後代也顯現出長期擴增作用改善了，即使後代動物並未獲得額外照顧。對於為何科學社團提到有關漸成基因作用時表現得如此神經質？所有這類解釋在於即將出版的一本書《我們所有人中的天才：為何人家告訴你有關遺傳、才能及智力的每一件事都是錯的》（*The Genius in all of Us: Why Everything You've Been Told About Genetics, Talent and IQ Is Wrong*）提到。科學作家大衛‧善克（David Shenk）表示漸成基因作用協助傳達一個「新典範」（new paradigm），「揭示如何破解『先天與後天』話語

的真正意涵。」他稱漸成基因作用是：「由基因出現以來，或許是遺傳科學中最重要的發現。」

基因學家十分知道我們可能太容易丟棄一位早期參與近代漸成基因作用的自然學家，他被達爾文長久以來所輕蔑，拉馬克（Jean-Baptiste Lamarck, 1744～1829）爭論說演化會發生於一代或兩代之內，他假定動物在牠們生命期獲得某些特徵是由於牠們的環境與選擇，最著名的拉馬克式例子是：長頸鹿獲得他們的長脖子是因為牠們近代的祖先伸長脖子要吃到高處、營養豐富的葉子。相反地，達爾文爭辯說演化產生作用並非經由努力的激發而是經過冷靜、公平地選擇，達爾文的思想是，長頸鹿獲得他們的長脖子已經超過一千年，因為基因對於長脖子具有非常緩慢而可得優點，達爾文比拉馬克年輕八十四歲，是一個更優秀的科學家，而他贏得勝利，拉馬克的演化論開始被視為是一個科學犯錯者，然而漸成基因作用如今卻迫使科學家對拉馬克的想法進行再評估。

解決歐佛卡力克斯的神秘

接近 2000 年時，對拜格倫似乎十分清楚，在十九世紀諾伯頓經歷慶典與飢荒的數年已經在人們身上引起某些種類的漸成基因改變，但是他不確定此情況如何產生，然後他讀到一篇由馬可仕・潘布雷博士（Dr. Marcus Pembrey）在 1996 年所寫十分誨隱的論文，潘布雷是倫敦大學學院一位傑出的基因學家，這篇論文發表於義大利期刊（*Acta Geneticae Medicae et Gemellologiae*），如今被認為是漸成基因理論的種子，但在那時是有爭論的；主要學術期刊拒絕接受這篇論文，雖然他是一位服膺達爾文主義者，潘布雷利用這篇論文〈現有漸成基因科學的回顧〉超越達爾文而猜測：如果工業時代的環境壓力及社會變化變得如此強而有力，是否演化已經開始要求我們的基因更迅速地反應？是否我們的DNA如今必須有所反應而不需要超過許多代及幾百萬年，如同潘布雷所寫，在「幾個或中等數目的世代」之內即可改變？此種縮短的時間提示基因本身不會有足夠的年數來改變，潘布雷提出理由說，可能漸成基因標記在DNA上端已經有時間來改變，潘布雷無法確定一個人如何測試此種堂皇的理論，而他在論文登出後就將此想法擱在一旁，但是在2000年 5 月，出乎意料之外，他接到一封拜格倫所寫的電子郵件（他並不認識此人）有關歐佛卡力克斯生命預期的數據，從此兩人就結為好友並開始討論如何建立一個嶄新的實驗來澄清歐佛卡力克斯的神秘。

潘布雷與拜格倫知道他們必須複試歐佛卡力克斯的發現，但是當然你無法進行實驗讓某些小孩挨餓而其他小孩過量大吃（你也不會要等六十年才來求得結果），

湊巧地，潘布雷已經拿到另一個無法置信有關基因資訊的貴重發現，他長期以來就是「愛汶雙親及兒童縱長研究」（Avon Longitudinal Study of Parents and Children, ALSPAC）委員會的委員，這是在英國一個獨特的研究計畫，由潘布雷的朋友布里斯托大學流行病學家珍‧葛汀（Jean Golding）出資支持，ALSPAC 在兒童出生前就已經追蹤幾千個年輕人及他們的父母親，在 1991 年及 1992年，為了此研究，葛汀與她的屬下招募了 14,024 位懷孕母親，在布里斯托地區所有母親之 70%在二十個月的招募期內懷孕。那時起 ALSPAC 的父母親與兒童每年都進行廣泛之醫學及心理測驗，最近對一位 ALSPAC 嬰兒湯姆‧比伯斯（Tom Bibbs）如今是一位十七歲的青少年，量測他的身高（178 公分或 5 英尺 8 英寸，不包括豎起的金髮）、他左股骨的骨質密度（1.3 g/sq cm，超過平均數）及一連串其他生理特徵，所有這些數據之收集都經過設計，由一開始顯示個人基因型結合環境壓力如何影響健康及發育，ALSPAC 數據已經提供幾個重要內涵：含有花生油的嬰兒乳液可能部分引發提升對花生過敏；母親在懷孕時之高度焦慮與兒童以後發作氣喘有關；對較小的孩子維持太乾淨會產生較高皮膚異位炎的危險。

但是潘布雷、拜格倫與葛汀（如今在一起研究）應用數據寫出一篇更有突破性的論文，是所有已寫出之研

究論文中最讓人嘆為觀止的，發表於 2006 年的《歐洲人類基因學期刊》（*European Journal of Human Genetics*），提出在研究中有 14,024 位父親，其中 166 位說他們在十一歲前開始抽煙（正好在他們身體準備進入青春期時），男童在青春期前因為基因被隔絕而無法形成精子（相反地，女童由出生時就具有卵），這造成在青春期前後時間漸成基因改變的肥沃場所：如果環境將漸成標記印記於 Y 染色體的基因上，當精子第一次開始形成時何時為較佳時刻去完成此事？當潘布雷、拜格倫與葛汀檢視那些 166 位早期抽煙者的兒子時，出現比其他年齡九歲的男童具有顯著較大的身體質量指數，這表示在青春期抽煙男人的兒子在其完全進入成年期後將面對較大危險變得肥胖及其他健康問題，而非常可能這些男童的生命期也較短，就如同歐佛卡力克斯吃得過量者一般，「結合 ALSPA 與歐佛卡力克斯的結果，就『暴露－敏感期』（exposure-sensitive periods）及『性別專一性』（sex spe-dificity）而言，支持人類有個一般機制能控制有關祖先環境向下傳遞資訊至雄性路線的假說。」潘布雷、拜格倫與葛汀及他們的同事在歐洲人類基因學期刊論文上下結論說。換句話說，即使當你在十歲時做出一個愚蠢的決定後就能改變你的漸成基因作用，如果你那時開始抽煙，你可能不止造成醫學錯誤，而且是一種災難性的遺

傳錯誤。

探索漸成基因作用之潛力

我們如何能永遠加強漸成基因作用的能力？在 2008 年美國國家衛生研究院宣布將投入一個結合多實驗室、國家型機構來了解「如何及何時漸成基因過程控制基因」。伊莉雅絲‧捷爾宏尼博士（Dr. Elias Zerhouni）指導國家衛生研究院分配給予研究經費時表示（在語詞含意上有些太乾澀），漸成基因作用已經變成「生物學中的中心議題」。2009 年 10 月，國家衛生研究院開始償付研究經費，科學家在一個新成立、大部分基於網際網路的研究稱為「聖地牙哥漸成基因組中心」開始合作，由來自沙克研究院（發現小兒麻痺疫苗的科學家出經費支持的智庫，成立於美國加州）的同仁宣布，他們已經繪製出「第一個人類漸成基因組的詳細地圖」。此宣稱有點誇張，事實上，科學家繪製出的地圖只有漸成基因組某一部分的兩種細胞種類（一種胚胎幹細胞及另一種基礎細胞稱為成纖維細胞），目前在人體至少有二百一十種細胞型態（而可能要多得多，依據沙克研究院生物學家研究漸成基因組地圖的艾克研究），二百一十種細胞型態的每一種似乎都具有不同的漸成基因組，這就是為何艾克呼籲由國家衛生研究院出資一億九千萬美元經費

只是「花生米」而已，與可能計算出所有漸成基因標記及它們如何協調作用的最終花費相比要少得太多。

　　還記得人類基因組計畫嗎？該計畫在 2000 年 3 月完成，發現人類基因組含有大約二萬五千個基因；此計畫花費三十億美元將所有基因繪製成圖，人類漸成基因組含有一種目前仍然無法確知數目的漸成基因標記模式，數目如此龐大使得艾克甚至不予猜測，該數目當然是以百萬計，一個完整的漸成基因組地圖將需要在計算能力上有重大進展，當完成後，「人類漸成基因組計畫」（the Human Epigenome Project，在歐洲已經開始進行）將使得人類基因組計畫看起來像是一個十五世紀學童以算盤所做的家庭作業。但是其潛能有些蹣跚與搖晃，幾十年來，我們已經跌跌撞撞地圍繞著巨大的達爾文路障，我們認為 DNA 是一種嚴格的密碼，是我們及我們的小孩與小孩的小孩必須藉以存活，如今我們能想像一個世界在我們能修補 DNA，且因我們的意志使其變形，這將讓基因學家及倫理學家花費許多年時間來解開所有含意與用途，但是要確定：漸成基因作用的時代已經到來。

不確定原則
——演化如何兩邊下注

變化是變動世界中存活的關鍵——而演化可能以產生更多
變化的特異的方式呈現。

　　一個男人進入酒吧,「我有一種新方式檢視演化作
用,」他宣布說:「你有紙筆讓我寫下來的嗎?」酒保
不帶笑容地遞出一張紙及一
隻筆,但是接著發現這個人
並非開玩笑。

　　問題中人物是美國約翰
霍普金斯大學的領導基因學
家安德魯・芬安伯格(And-
rew Feinberg);這是位在倫
敦塔陰影裏的一間酒吧;而
在紙片上所寫的事可能基本
上改變我們有關漸成基因作
用、演化及常見疾病之思考

方式。

在踏入酒吧之前，芬安伯格已經在倫敦眼（倫敦旋轉輪，已成地標）上轉了一圈、爬上大笨鐘並逛進西敏寺，如同你可能預期地，在那裏他尋找牛頓及達爾文的長眠處。見到年輕牛頓的奢華大理石雕刻，像帝王似的依靠在一個黃金葉裝飾球下，而達爾文的墓地卻是最小的地板石，在對比下他深深受到打擊。

當他向四周瀏覽，芬安伯格的眼睛注視附近一個紀念物理學家保羅・迪拉克（Paul Dirac）的區，此區讓他思考有關量子理論及演化，導致他對於「漸成基因改變」（epigenetic changes）的想法（遺傳改變並未包括DNA序列的更動），可能將類似海森伯格（Heisenberg）的不確定性注入基因表現，這將促進物種存活的機會，這些多多少少是他寫在紙片上的事。

簡單地說，芬安伯格的想法是生命具有一種固有的隨機性生產器允許其兩邊下注，例如，當飢荒時常發生時堆積脂肪的特性會是非常成功，但是在富足環境下卻是缺點，然而如果好時光持續許多代，自然選擇會由一個族群去除堆積脂肪的基因變異，然後，當飢荒最終發生，族群就會被消滅。

生命的固有隨機性生產器允許演化對其賭注兩面下注。

但是如果有關基因作用有某些不確定性存在，某些個人可能仍然會堆積脂肪，即使他們具有與其他人相同的基因，這些人可能在好時光裏年輕時就死亡，但是如果飢荒發生他們則是唯一存活者，在一個不確定的世界，不確定性對於族群的長期存活會是極端重要。

此種想法的意涵非常深遠，我們已經知道有一種基因樂透現象（每一個已受精的人卵含有幾百種新突變），然而大部分此等突變不產生作用，但是有幾種突變能產生有利或有害的影響，如果芬安伯格是對的，也有一種漸成基因的樂透現象：某些人比其他人多少有可能發作癌症、因心臟病死亡或受苦於精神健康問題，而他們具有完全相同的 DNA。

為掌握芬安伯格想法的重要性，我們必須簡短地回顧十九世紀早期，當時法國動物學家尚－巴布提斯特・拉馬克（Jean-Baptiste Lamarck）清楚地表達此種想法，已經普遍地持有「後天所獲得的特徵」能被父母親傳衍至後代的觀念，如果一隻長頸鹿試圖伸長脖子吃到樹葉，他相信其脖子會愈來愈長，而其後代子孫將會遺傳到這種長脖子。

達爾文與拉馬克
與許多文章所述相反，達爾文相信某些類似事物，

其情況為一種生物之經驗能導致遺傳性質的改變，依據達爾文之「泛遺傳假說」（hypothesis of pangenesis），這些獲得之改變可能有害也可能有利，例如兒子罹患痛風，因為他們的父親喝酒太多，自然選擇將趨向益處並去除害處，實際上，達爾文相信後天獲得的改提供變異對於藉自然選擇之演化極為重要。

泛遺傳學從未被接受，甚至在達爾文活著時，在二十世紀其變得清晰即DNA是遺傳的基礎，而突變改變了DNA序列是自然選擇運作其上的變異來源，環境因子例如輻射能引起突變會傳衍下至後代，但是其影響是隨機的，生物學家排斥當一種生物在活著時所獲得的適應作用能傳遞下去的想法。

然而即使在上一個世紀，例子持續出現，特徵以一種並不符合遺傳完全與DNA有關想法之方式傳衍，例如當懷孕大鼠注射殺霉菌劑 vinclozolin 後，他們雄性後代至少兩個世代的生殖力降低，即使殺霉菌劑並未改變雄性大鼠的 DNA。

沒有人如今懷疑環境因子能在動物的後代產生改變即使DNA沒有變化，許多不同之漸成基因機制已經被發現，由加入暫時「標籤」至 DNA，或 DNA 纏捲圍繞的蛋白質，至精子或卵內存在某些分子。

暴發激烈爭論的原因是漸成基因改變在演化中所扮

演的角色，只有幾位生物學家〔其中最有名的是以色列特拉維夫大學的伊娃‧雅布朗卡（Eva Jablonka）〕認為由環境啟動遺傳之漸成基因改變是適應作用，他們描述這些改變為「新拉馬克式」（neo-Lamarckian），同時某些人甚至宣稱此等過程式必然是演化理論一種主要的再思考。

雖然此等觀點已經接受許多人注意，但大部分生物學家仍然遠遠未被說服，他們表示親代適應性改變經由漸成基因機制能傳衍至後代的想法有問題，像是基因突變，大部分遺傳的漸成基因改變是環境因子造成，具有隨機性而且時常具有不良影響。

最重要的是，後天獲得改變之遺傳性可被視為一種變異來源，然後藉自然選擇產生作用（這是一種比拉馬克更接近達爾文泛遺傳想法的觀點），宣稱動物的意圖可型塑其後代的身體，但是即使此種想法也有問題，因為對於後天獲得之改變可持續超過一個世代的情況非常罕見註①。

然而在生物生命期間漸成基因改變能由細胞傳衍至細胞，它們並未正常地傳衍至下一代，「製造生殖細胞的過程通常會抹除漸成基因標記，」芬安伯格解釋：「你得到是一種沒有漸成基因作用過的原狀。」而且如果漸成基因標記通常不會持續很久，就很難見到它們如何能

在演化上具有重要功能，除非不只其穩定性而其不穩定性也可解釋。

如生物學家像是雅布朗卡相信，並非另一種方式預定產生特殊之特性，芬安伯格之「檢視演化的新方式」視漸成基因標記為引介某種程度的隨機性進入基因表現模式，他認為在多變的環境中，線性可產生具有不同模式基因表現的後代是最可能持續演化過程。

此種「不確定性假說」（uncertainty hypothesis）是對的嗎？有證據顯示漸成基因改變，與基因突變或環境因子相反，是負責產生許多生物特性變異，例如大理石小龍蝦，在顏色、生長、壽命、行為及其他特徵上顯示驚人之變異，即使將遺傳性質完全相同的動物飼養於相同條件下，2010 年有一個研究發現，基因完全相同的人類同卵雙胞胎間也有顯著的漸成基因差異存在，根據他們的發現，當解釋同卵雙胞胎間之差異時，研究人員猜測隨機漸成基因變異比環境因子實際上要「重要得多」註②。

更多證據來自芬安伯格與其同事美國約翰霍普金斯布倫伯格公共衛生學院的生物統計學家拉菲爾・伊瑞扎睿（Rafael Irizarry）的研究，主要漸成基因機制之一是將甲基群加入（化學方程式 CH_3）至 DNA，而芬安伯格及伊瑞扎睿已經研究小鼠 DNA 甲基化作用的模式，芬安伯格描述說：「小鼠來自相同父母親、同一窩動物、飼餵

相同食物及飲水並生活於同一動物籠中。」

令人震驚的發現

不論這些情況，他與伊瑞扎瑞能鑑定整個基因組幾百個部位，在此小鼠一定組織內甲基化作用模式與另一隻小鼠大大不同，有趣的是，這些不同部位似乎也存在於人類註③，伊瑞扎睿如此說明：「甲基化作用能在不同個體間、不同種類細胞間、相同種類細胞的不同細胞間，甚至相同細胞內的不同時間發生改變。」

這讓伊瑞扎睿列出會被甲基化作用改變影響的與每一個位置有關的基因（在理論上至少如此），他的發現令他震驚，顯示高度漸成基因彈性的基因非常可能是那些管制基礎發育及形成身體計畫的基因，芬恩伯格解釋說：「這是違反直觀且驚人的現象，因為你不會期望這些非常重要『模式化基因』（patterning genes）帶有那種變異存在。」

支持此種想法的結果，是對於DNA的漸成基因改變可能模糊了基因型（生物的基因構造）及表現型（其形態及行為）間的關係，美國耶魯大學演化生物學家甘特・華格納（Günter Wagner）說：「這可協助解釋為何當發育時在基因表現上有如此多的變異。」但是這並非必然表示漸成基因改變是適應性，他接著表示：「目前沒有

對於特定情況下可能包括哪種這類機制作過足夠研究。」

當他與芬安伯格開始探索此種想法時，伊瑞扎睿建立一個電腦模擬方法來協助他更加了解情況，首先，他做個模式會發生在某個固定環境下人長得高具有優勢，他如此表示：「愈高的人愈容易存活、生有更多小孩，最後每一個人都長得高。」

然後，他做個模式會發生在某個在不同時間會改變的環境，對高個子或矮個子都有利，「如果你是一個高個子只有個子高的小孩，然而你的家族將會消失，長期而言，在這種場景的唯一贏家是那些產生有不同高度後代的人。」

此結果沒有爭論性，英國牛津大學發生生物學家托比雅斯・烏勒（Tobias Uller）說：「由理論上我們知道以某些方式支持誘發『隨機』表現型變異之機制可能被選擇，要超過那些產生單一表現型的機制。」但表示某些情況是理論上說得通，卻對其促進存活所以甲基化作用變化會出現的情況還很遠。

美國芝加哥大學演化基因學家傑瑞・寇伊尼（Jerry Coyne）是位率直的人，他表示：「沒有絲毫證據顯示些甲基化作用的變化是適應性，不論在動物種內或種與種間。」他接著說：「我知道漸成基因作用是一個有趣的現象，但是其已經不容分辨地延伸至演化，我們無處可

進一步把握到底漸成基因作用是何事，此情況可能是其中一部分，但是是否只是一個小部分而已。」

然而對於美國麻省理工學院的蘇珊・林德奎斯特（Susan Lindquist）而言，這是一種令人興奮的想法具有完美的意義，她解釋說：「這不只是漸成基因作用影響特徵，而且漸成基因作用在特徵上製造出更大變異並產生表現型更大歧異。」而較大之表現型歧異表示一個族群具有較佳存活機會，不論生命產生何種變化。

林德奎斯特研究「普里昂」（prion，這是一種蛋白質，其立體構造不止在兩種狀態間可折疊形成，而且以其特殊狀態傳衍至其他普里昂），雖然它們是引起疾病例如「庫亞氏病」（Creutzfeldt-Jakob disease）最知名，林德奎斯特認為它們對於演化提供另一種漸成基因機制來將「賭注在兩面下注」（bet-hedging），舉 Sup35（與細胞內製造蛋白質機制有關的一種蛋白質）為例，在酵母菌，Sup35 具有翻轉成一種使其聚集在一起之狀態的傾向，自動發生或對環境壓力起反應，再轉而能改變細胞製造之蛋白質，林德奎斯特認為，某些這類改變將有害，但是她與其同事已經顯示她們能讓酵母菌存活至一般表示已死亡之狀況。

然而雅布朗卡仍然被說服漸成基因標記經由「新拉馬克式」遺傳在演化上扮演一個重要角色，她歡迎芬安

伯格及艾瑞扎睿的研究，「這將是值得納入生活於高度變化環境的動物種類，」她認為：「你會期望有更多甲基化作用、更多變異及變異遺傳由一個世代傳至下一個世代。」

如芬安伯格的想法一樣令人驚奇的是，這並未挑戰演化的主流觀點，寇伊尼（Coyne）表示：「這是真正的『族群基因學』（population genetics）。」有利的突變將仍然勝出，即使在其表現上有一些模糊，而如果芬安伯格沒錯，演化作用選擇的並非漸成基因特徵，而是一種製造漸成基因變異的基因編碼機制，此情況可能產生完全隨機或對環境因子起反應之變異，或兩者皆是。

芬安伯格預測如果此種機制產生的漸成基因變異是被包括於疾病生成中，其最有可能在下列疾病中發現，如肥胖及糖尿病，在演化長期運行下，那些身具在變動環境中存活機制的族群會勝出，芬安伯格、艾瑞扎睿與其他同事最近研究在冰島由相同人士在 1991 年及 2002 年收集之白血球中 DNA 甲基化作用，由此，他們能夠鑑定超過二百種不同的甲基化區域。

來檢視是否這些可變區域具有與人類疾病有關之物，他們尋找一種介於甲基化作用密度及身體質量指數間之關聯，發現在四個這些區域間有相關，每一個皆位於已知管制身體質量或糖尿病的基因內或鄰近此種基因，芬

安伯格以正面前景來看此現象，如果隨機漸成基因變異在決定人們罹患尋常疾病的危險上的確扮演重要角色，他表示，解開原因的糾結可能要比我們所想地簡單，關鍵在於結合基因分析與漸成基因量測。

　　芬安伯格是第一位承認他的想法可能會錯的人，但是他興奮得足以將此想法來進行試驗，他建議這或許可能是在了解介於演化、發育及尋常疾病間的關係上是已失去的關聯性，「這可能顯現真正非常重要。」

註①　資料來源：*Annual Review of Genomics and Human Genetics*, vol 9, p.233.

註②　資料來源：*Nature Genetics*, vol 41, p 240.

註③　資料來源：*Proceedings of the National Academy of Sciences*, vol 107, p 1757.

生命的處方
──基因如何演化

從前我們對於生命的奇幻只能感到驚異，像是不久前的電影觀眾，我們對於在場景後面進行之事務沒有什麼概念。如今時空改變，由於愈來愈多生物種類的基因組被定序，基因學家拼湊出一個極為詳盡的「形成……」紀錄，如今，我們不只能追蹤動物身體如何演化，我們甚至能鑑定出這些改變後面的基因突變。所有最有趣的

是，我們如今能見到基因如何在初始處出現，這些是製造蛋白質的食譜、生命的建構基石，而故事並未十分如預期般展開。

新基因演化最明顯的方式是經由逐漸累積小型、有利的突變，較不明顯的是一個已經具有重要功能的現存基因如何能演

化成為不同的基因，此等基因並未顛覆攜帶此基因的生物，故其改變策略的範圍非常受限，然而，如同生物學家在一個世紀前就體認到，當突變產生一個全然額外的基因複製品時此種限制不再適用。

幾兆個複製品

依據教科書，新基因形成的過程開始於基因複製，在絕大部分案例中，複製品之一將獲得有害的突變而消失，然而只在偶然時，突變將允許複製基因進行新奇的功能，此複製品對其新功能將變得特化，而原來基因繼續執行以前的相同工作。令人驚奇地，基因複製已經呈現幾乎如同改變 DNA 密碼單一「字母」（letter）般常見，在有性生殖之前染色體間物質交換時，錯誤會造成長條 DNA 序列（含有一個基因至幾百個基因的任何物質）之額外複製品，所有染色體都能被複製，如同發生於唐氏症之情況，有時甚至包括整個基因組。由於複製能提出高達幾兆個複製品為演化所用，這並不讓人驚奇，在幾億年的時間裏，單一原始基因能形成幾百個新基因，我們人類單單嗅覺受體就具有大約四百個基因，而所有基因都衍生自生活於大約四億五千萬年前一種魚類的僅僅兩個基因。

並非完整故事

　　此種古典基因演化的觀點離完整故事還遠得很，然而，十年前，美國印地安那大學的麥可・林區（Michael Lynch）與一位同事概述一個替代場景，基因時常具有一個以上的功能，而林區考慮到此等基因被複製後可能發生何事，如果一次突變在複製基因剔除兩個功能之一，此生物能對應良好，因為其他複製基因仍然完整，即使另一次突變在其他複製基因剔除第二個功能，該生物能如同正常般繼續生活，而非具有一個基因表現兩種功能，此生物如今具有兩個基因，每個基因具有一種功能，這就是林區所稱「次功能化作用」（subfunctionalism）的一種機制註①，此種過程能提供原料來進行進一步演化，林區如此解釋：「被次功能化作用保存的基因後來能取得一種新功能。」

　　某些理論生物學家認為複製基因也能被其他更微妙的機制保存，但是對於古典模式之真正挑戰來自對不同生物體實際研究新基因，2008 年初，在這類最簡明之研究中，中國雲南省昆明動物研究所的王聞（Wen Wang）領導一個研究小組，檢視幾種關係密切的果蠅種類，藉比較牠們的基因組，王聞由這些種類的果蠅能夠鑑定出新基因，這些果蠅由一個共同祖先分離開始已經演化了

大約一千三百萬年。

王聞的驚人發現之一是大約 10%的新基因經由一個稱為「反向定位作用」（retroposition）的過程形成，此過程發生於當信息RNA複製基因時，被反轉成為DNA，然後插入基因組的某個其他部位，許多病毒及遺傳性寄生蟲經由反向定位作用複製自己，而它們產生之酵素有時意外地將它們宿主細胞的 RNA 反向定位。

到達時死亡？

以反向定位作用製造的複製基因與原始基因不同，由於基因含有超過只預期製造一種蛋白質的DNA序列，在製造密碼部位的前方也有「促進子」（promoter）區段，可結合其他蛋白質，而此種構造決定何時及在何種組織基因被打開，因為反向定位的複製基因失去其促進子，無法轉錄成 RNA，從前假設這些部分複製之基因從不表現並當突變累積時逐漸消失，瑞士洛桑大學的亨瑞克・凱斯曼（Henrik Kaessmann）認為：反向定位複製基因當「到達時死亡」（dead on arrival）後失蹤。

然而，情況變得十分明顯，一個反向定位之複製基因有時能插入基因組接近現有促進子處而被活化，然而嚴格講應是不同的促進子，因此複製基因將在不同時間或不同組織或兩者中被打開，反向定位之複製基因能以

此種方式立即獲得一種新功能。此種過程可能在我們「大人猿」（apes）產生許多最近演化出的基因，在我們祖先反向定位作用的一次爆發，大約四千五百萬年前達到頂峰，產生好幾千個複製基因，依據 2005 年凱斯曼領導的一個研究顯示，其中至少有六十至七十個演化成新基因，此次爆發可能由於一種新型遺傳性寄生蟲侵入我們的基因組引起。

聰明的基因

　　凱斯曼的研究小組如今更詳細地研究某些這類基因，他們的工作建議至少有兩個基因，稱為 *CDC14Bretro* 及 *GLUD2*，可能與大人猿增加之認知能力有關。新基因的演化時常包括甚至更激烈的變化，在果蠅調查中，王聞發現新基因的三分之一與親代基因顯著不同，已經失去它們的部分序列或獲得新的 DNA 段落。

　　這些額外序列來自何方？在複雜細胞中，DNA 製造一種蛋白質的密碼被打散成為幾個部分，被「非編碼序列」（non-coding sequences）隔開，當整個基因的 RNA 複本被做出時，非編碼片段「內含子」（introns）被切除，而編碼部分稱為「外顯子」（exons）被接合在一起，然後此種編輯過的 RNA 複本送到細胞之蛋白質製造工廠，基因的「模組形式」（modular form）大大增加突變

的機會，重新移動現有基因並產生新奇的蛋白質，目前所有能發生之方式為：在一個基因內的外顯子會失去、複製或甚至與不同基因的外顯子結合，產生一個新的「嵌合基因」（chimeric gene）。

主題的變奏

例如，大部分猴子製造一種蛋白質稱為 *TRIM5*，可保護牠們不受反轉錄病毒的感染，大約在一千萬年前亞洲有一種彌猴，由反向定位作用產生一個不活化的複製基因稱為*CypA*，插入接近*TRIM5* 基因的位置，進一步突變使細胞製造出一種嵌合蛋白質，含部分 *TRIM5* 及部分 *CypA*，此蛋白質可對提供較佳保護對抗某些病毒，雖然這似乎是一種不太可能的系列事件，實際上，*TRIM5-CypA* 基因不只演化一次而是兩次，大部分相同事件也發生於南美的貓頭鷹猴。如果給予足夠時間，或進一步足夠突變，基因複製及再度移動能產生新基因，與其原始基因非常不同，但是否所有新基因針對一個主題產生變異，或能演化出全新的基因與任何已經存在者不同？

幾十年前，有人建議獨特基因可能來自一種稱為「架構移轉突變作用」（frameshift mutation），在蛋白質中每一個氨基酸由三個 DNA 的字母（或鹼基）所特定，即「三個一組密碼子」（the triplet codon），如果某次突變

為讀取密碼子而移動起始點一個鹼基或兩個,稱為「讀取架構」(reading frame),結果產生的蛋白質序列將完全不同,由於DNA是雙股的,則任何片段可以六種不同方式來「讀取」。

無意義結果

絕大部分突變改變讀取架構一個基因,產生無意義結果而通常是危險的結果,許多遺傳性疾病是架構移轉突變破壞了蛋白質的結果,這有點像是沿著字母排列交換每一個字母為下一個字母:結果通常是無意義的。但並非總是如此,在 2006 年,加拿大多倫多大學的史蒂芬・雪瑞爾(Stephen Scherer)與其同事搜尋人類基因組尋找新基因,這些基因已經被複製後接著受到架構轉移突變作用影響至少部分原始基因而演化出,科學家發現有四百七十個例子,建議此過程是驚人地尋常。

另一個獨特新基因的來源可能是存在於大部分基因組中的「垃圾」(junk)DNA,早期提示此情況可能是來自十年前,當時美國伊里諾大學的一個研究小組透露由一種大西洋魚所產生抗冷凍蛋白質之基因生成作用,該基因原始預定製造一種消化酵素,然後大約一千萬年前,全世界氣候變冷,一個內含子之部分(換句話說就是一段垃圾基因)轉變成一個外顯子並且後來複製許多次,

產生抗冷凍蛋白質的特殊重複性構造，由DNA之隨機片段演化出一個基因，對於魚類生存不可或缺。

由無到有

抗冷凍基因仍然是由已經存在的基因演化出，那麼經由垃圾DNA突變由無到有產生一個全新的基因其機率為何？直到最近大部分生物學家都認為實際上是零，如林區指出，對於一個隨機DNA片段演化成一個基因係採取整套不太可能的條件。首先，某些DNA必須成為促進子來產生作用，告訴細胞製造其餘的RNA複製品，第二，針對製造蛋白質的工廠，這些RNA複製品必須具有序列能被編輯為活的信使者RNA藍圖，更加此信使者RNA必須預定製造一個相當長的蛋白質（平均長度為三百個氨基酸），這情況不太可能發生，因為一個隨機片段的DNA，平均每二十個密碼子中的一個會是「停止」密碼子。最後，新蛋白質當然必須執行某些有用的功能，而此障礙似乎無法克服。

然而在 2006 年，美國戴維斯加州大學的大衛・貝剛（David Begun）與其同事在果蠅中鑑定出幾個新基因，其序列與任何舊有基因都不一樣，科學家建議這些基因（預定製造相當小型的蛋白質）是在過去幾百萬年中已經由垃圾DNA演化出，貝剛引用福爾摩斯（Sherlock Holmes）的話：「當你已經消除不可能的事，不論剩餘者為何，即使不適當，卻一定是真理。」

垃圾 DNA

2008 年時，在獵尋果蠅中的新基因時，王聞發現另外九個基因似乎已經從垃圾 DNA 由無到有演化出，其中八個基因，王聞已經鑑定出非編碼序列，基因在相關的動物種類中由這些序列演化出，排除了這些基因可能由其他生物已經製造好之產品獲得的可能性。總而言之，在果蠅最近演化之基因中驚人的 12% 似乎由無到有演化出，而王聞懷疑與其他動物相比此比例相當低，他解釋說：「我的直覺是在脊椎動物中此比例可能較高，因為牠們具有較多的垃圾 DNA。」

這看起來王聞可能是對的，愛爾蘭都柏林三一學院一個研究小組已經發現證據，至少六個新的人類基因在大約六百萬年中由非編碼 DNA 形成，這時人類與黑猩猩分開演化，該研究工作目前持續進行，但是先期發現已經於 2008 年 6 月在西班牙巴塞隆納的一個會議中提出，小組領導科學家阿歐伊菲‧馬克萊沙特（Aoife McLysaght）表示他們對此感到非常興奮。

第一個障礙

　　當一個基因以此種方式演化的可能性如此稀有而為何數目反而如此高？部分答案可能是：最近發現即使我們基因組至少有一半是垃圾，然而在偶然情況下其多達90%能意外轉錄成 RNA，馬克萊沙特如此認為：「第一個障礙已經克服。」這表示垃圾DNA隨機片段可能可轉譯成蛋白質並非不尋常，由於大部分隨機產生之蛋白質可能有害，自然選擇作用將去除這些DNA序列，但是只有偶然情況下有一個DNA運氣好，一條功能有益的序列會擴展至整個族群並快速演化成新基因，將其所執行之功能變得最佳化。

　　然而在我們對於了解基因能演化之不同機制其相關重要性前將花費許多年時間，然而可確定的是，如何基因演化非常不完全是古典觀點，演化並不挑剔，只要能得到，演化就採用新基因，貝剛解釋：自然選擇是侵略性的機會主義者，而原料的來源則無關宏旨。而當序列數據持續加入時，生物學家對於我們大約二萬個基因裏的每一個基因如何演化的研究已經做得十分不錯，讓我們準備更多爆米花並確定沙發夠舒服：因為這將有一個宏偉的「製作……」紀錄片出現。

誰需要新基因？

　　進行新功能或製造身體新部位，生物不必然須要演化整套新基因，在身體不同部位相同蛋白質時常進行不同功能，然而單一基因能製造許多蛋白質，RNA 的替代性接合（alternative splicing of RNAs），包括一個基因的某些部分而非其他，能產生大量不同蛋白質，2008 年 11 月發表的一個研究發現在人類替代性接合要比從前所想向地更為常見，大部分基因產生至少兩個變異體，一個人類基因 *bn2*，能製造超過二千種不同蛋白質，其中有些完全不同，記錄保持者一個果蠅基因 *Dscam*，能產生驚人的三萬八千個變異體，這並非全部，在 2008 年 9 月，美國耶魯大學醫學院的一個研究小組顯示由兩個不同人類基因得來之 RNAs 能被編輯在一起製造一種新的蛋白質，在子宮內襯的細胞藉融合在 7 號染色體上發現的 *JAZFI* 基因與 17 號染色體上的 *JJAZ1* 基因製造一種蛋白質，*JA-ZFI*-*JJAZ1* 蛋白質似乎可促進細胞生長，此現象稱為「轉錄接合」（trans-splicing），已知發生於線蟲，但是被認為在脊椎動物中只會偶然發生，耶魯研究小組猜測在實際上這情況可能非常普通，大大增加可能蛋白質的數量註②。

何為基因？

　　一般而言，基因含有預定製造某種蛋白質的DNA序列，與管制序列排在一起，例如「促進子」（promoter），協助決定何時、何處及多少蛋白質要製造，在複雜細胞中，編碼序列分開成幾個部分稱為「外顯子」，被較長片段的垃圾DNA稱為「內插子」分開。

註① 　資料來源：*Genetics*, vol 154, p 459.
註② 　資料來源：*Science*, vol 321 p 1357.

在其養成期的神經科學

漸成基因作用能構成母愛持久影響的基礎嗎？麗姿・芭蒨調查一個畫時代之研究與其所產生爭論性領域的諸多批評。

　　將一對雄性及雌性大鼠放入長方形的塑膠玻璃容器中，法蘭西斯・襄佩恩（Frances Champagne）能預期幾種場景之一會發生，公鼠將不停止地嘗試與母鼠交配，但是母鼠的行為比較無法預期，母鼠可能會接近公鼠，試聞其體味並弓起牠的背允許公鼠上來交配，在母鼠與第一隻公鼠交配後，如果有第二隻公鼠進入籠子，母鼠可能同樣殷勤待客。然而某些母鼠會故作嬌羞狀躲避公鼠，需要更多求愛行為，如果確實發生交配，則避免另一隻公鼠參與，有許多因素能影響母鼠所為，但是對於美國哥倫比亞大學行為科學家襄佩恩而言，有一種情況特別令人感到消遣性：母鼠是否時常舔吮及梳理剛出生的大鼠（在其生命的第一個星期），迷糊的母鼠會有假正經的女兒，然而疏忽母鼠其女兒會在四周活躍亂竄像是迷你的海上求生背心，在這些差異的核心存有性賀爾蒙「雌激

素」（oestrogen），驅使母鼠的性行為，襄佩恩表示比那些由週到母親照顧的剛出生大鼠，被忽視的大鼠可能對其反應更強烈。

該現象只是一個例子，即在生命早期的經驗如何能型塑行為，而其可能應用於人類，例如，已知生長在窮困環境中的兒童當成年時，比那些在舒適情況下帶大的兒童，對於毒品上癮及憂鬱症等問題具有較大危險，不論他們在生命後期的社會經濟地位如何，但是有關早期經驗發生何事具有此等長期效應呢？對於襄佩恩與許多同事而言，近十年來答案已經十分明顯，生命經驗改變了DNA；不止DNA序列是必要的，而更是其形式及構造，包括修飾的化學物質，以及在細胞內圍繞蛋白質的DNA纏繞及堆疊得有多緊，這些改變，時常稱為「漸成基因改變」（epigenetic modifications），使基因更容易或更困難來讀取細胞的「製造蛋白質機制」（protein-making machin-ery）。最持久之漸成基因改變被認為是甲基群連接至

DNA 的特殊核苷酸上，此能完全關閉（靜默）附近基因的表現，襄佩恩表示被忽視的大鼠可能在接近雌激素受體基因處具有較少「甲基化作用」（methylation），同時此等差異特別發生於下視丘部位（已知與性行為有關），較少甲基化作用導致在整個生命期雌激素受體的表現增加，她提出理由解釋，使得成年女兒當判斷求婚者時對賀爾蒙之影響更有反應。此「漸成基因作用」（epigenetics）想法可解釋某種作用之長期影響，雖然時間短暫但是深遠，即作為一位母親的影響已經注入生命於行為科學，對於「先天與後天」這種好幾世紀久遠以來之爭論提供一個中間地帶以分子解釋，漸成基因改變會是一種管道，環境經由其誘發一輩子的生物學改變，許多行為科學家已經理解此想法，對於許多行為上的差異尋求成漸基因解釋，包括同性戀、智力及精神疾病如自閉症及精神分裂症，雖然經驗只針對少數基因上已經改變過之甲基化作用有關聯，漸成基因作用已經變成行為科學上最熱門領域之一，但是也最具爭議性。

掙扎接受

行為漸成基因作用學家已經迅速對付對他們想法的重大抗拒情況，一般由分子生物學家及生化學家開始，他們已經由 1960 年代開始研究 DNA 甲基化作用，早在

胚胎發育期時甲基群就覆蓋 DNA，對於動物的生命而言受影響之基因被關閉；例如，在雌性哺乳類動物細胞此種機制永遠關閉兩個 X 染色體之一，許多科學家發現 DNA 甲基化作用的想法可被由難以相信之母親照顧所影響，行為漸成基因作用「是一個具有眾多深切問題的領域」。美國哥倫比亞大學研究生殖細胞 DNA 甲基化作用的基因學家提摩西・貝斯特（Timothy Bestor）如此解釋，依據貝斯特與其他人的批評，支持此領域的證據不夠強大且大體上係過度解釋，同時其作用機制仍然不清楚，為證明此領域對核心分子生物學家的價值，於是行為學家將他們的工作分給了分子學家。由 2000 年早期起爭論已經變大，當襄佩恩在加拿大馬基爾大學研究所時，他的指導教授麥可・敏尼是一位行為科學家，嘗試解釋為何大鼠被負責的母鼠養育後，作為成鼠時較能對付壓力，比被忽視之母鼠養育的大鼠要好，敏尼的研究小組發現「糖皮質素受體」（glucocorticoid receptor，這是一種管制對壓力賀爾蒙反應的蛋白質）的量在這兩種動物間不一樣，但是該小組對於差異如何出現感到困惑，善於發現意外的敏尼遇見馬基爾大學的正在研究癌症中 DNA 甲基化作用的分子生物學家摩西・史濟夫（Moshe Szyf），他的研究顯示 DNA 甲基化作用可能成為對於引起癌症基因的開關，當這兩位科學家討論敏尼承受壓力的大鼠時，

他們懷疑是否有相同機制可能產生作用，於是他們開始合作，並發現在受到照顧與未受照顧小鼠間不同的甲基化作用模式，他們的研究建議母鼠的照顧可去除小鼠DNA上的甲基群，他們爭論此種改變使得製造糖皮質素受體的基因更容易接觸至製造蛋白質之機制。

史濟夫非常興奮但感到驚奇，DNA甲基化作用被認為十分穩定，史濟夫說為此理由，該論文在審核過程文經過許多困難，並被科學與自然兩本期刊拒絕接受，「主要評審意見為『我們從未聽說DNA甲基化作用在出生後會改變。』」他說明：「不符合他們教條的事一定是錯的。」兩年半之後，該論文在2004年《自然神經科學期刊》（Nature Neuroscience）找到一個出口，而且在行為神經科學研究人員間引發一陣騷動，敏尼表示：「他們立即了解到漸成基因機制是可解釋早期環境長期作用的一個偉大候選者。」大量研究計畫因而出現，並且開始產生結果，在12月，德國馬克斯普朗克精神病學研究所的迪馬·史潘格勒（Dietmar Spengler）與其同事顯示，與母鼠分離之小鼠寶寶短時間內在接近「阿金氨基酸增壓素基因」（arginine vasopressin gene）處甲基化作用減少，可能導致類似憂鬱症之疾病，在5月美國阿拉巴馬大學的大衛·史威特（David Sweat）顯示在生命早期的壓力改變大鼠*Bdnf*基因甲基化作用之狀態，此基因預定

製造與大腦發育及彈性有關的生長因子。

　　研究也開始延伸至人類，在 2009 年，敏尼與其合作者比較自殺者的大腦及在兒童期被嚴重虐待者與那些未被虐待者，他的數據建議受到虐待者在壓力相關基因顯示甲基化作用改變與被不專心母鼠養育之剛出生大鼠發現的類似，同年，美國杜克大學漸成基因作用學家潔妮卡・康納利（Jessica Connelly）與其同事發現在預定製造「催產素」（oxytocin，一種相信會影響社會行為的賀爾蒙）在罹患自閉症的人，受體基因上的甲基化作用不同，如今在美國芙金妮雅大學，康納利正進一步尋求在人類及在土撥鼠身上此種關聯性（這兩種生物會形成緊密的社會連接），因此可能使用來協助研究人類的社會行為。而襄佩恩於 2006 年開始她自己的實驗，在哥倫比亞兒童環境健康中心將研究人員組織起來，檢視紐約北哈林及南布朗克斯的空氣污染是否導致兒童漸成基因改變，使得他們更容易產生疾病如氣喘與肥胖。敏尼 2004 年的研究最終變成自然神經科學期刊最常常被引用的論文之一，但是批評從未斷絕。分子生物學家對於行為神經科學家數據的主要問題是雖然它們高度相關，而背後的機制卻仍然大部分未知，科學家在體外實驗系統能正確控制變數及不含糊的數據，他們無法相信糟糕的數據與纖細的關聯性，美國哈佛大學的分子生物學家凱塞琳・杜拉克

（Catherine Dulac）如此解釋：「對於了解真正重要的是在以單純系統研究的人（例如酵母菌中之漸成基因遺傳，在那裏人們已經花費好幾年時間經歷機械式細節並真正瞭解其如何作用）與某些檢視大腦巨大複雜性的人間其機械性知識中的巨大鴻溝。」

教養的機制

敏尼與襄佩恩研究最大爭論主體之一為目前沒有已經獲得證明可由DNA活性去除甲基群之機制，許多研究團隊已經提出並發表證據指出一種「去甲基酶」（demethylase）可做到此工作，例如史濟夫的研究小組在1999年發表結果顯示一種蛋白質稱為 *MBD2* 可快速由DNA去除甲基群，但是批評爭辯說這些結果並未立足於再現性的試驗，即其他相同試驗未獲得相同結果。艾德林・伯德（Adrian Bird）在英國愛丁堡大學研究DNA甲基化作用，稱其為許多假警報之一，他在2001年顯示小鼠缺乏 *Mbd2* 基因具有正常DNA甲基化作用模式，建議這酵素並未具有去甲基化的功能，他說失去的重要關鍵是一種純粹之生物化學證明酵素活性：「沒有人能取得一小片甲基化過的DNA，在體外與某些酵素混合並去除其甲基群，這並不表示此情況不能發生，但未顯示給我無法辯駁的證據。」另一個議題是由敏尼、史濟夫、襄佩恩與其他人

證明甲基化作用改變紀錄似乎微不足道地小，例如在基因上一個小區塊只出現一小撮核苷酸，，而這些改變只發生在所有細胞的中的一小部分，對於研究甲基化作用之實際改變，例如發生於胚胎及合子細胞上的漸成基因作用學家，此情況看起來像是雜音，也不清楚的是否這些改變真正發生於神經元，例如其可發生於神經膠細胞（主要提供支持及保護神經元）。「時常有人在DNA甲基化作用上見到統計有顯著差異，但是卻非常小，」Bird提出說明：「問題是，除了統計有意義之外此情況是否具有生物重要性？」

擁護者不受巨大懷疑的困惱，史濟夫堅持他的研究小組已經顯示小型改變會作出大型差異，在他們的人體實驗中，他說：「我們只有幾個胞嘧啶（cgtosines）被甲基化，而這使我們擔心。」因此他們以工程方式製造出一個正在研究之 DNA 區塊版本（接近糖皮質素受體基因），只有那些特殊部位置被甲基化，就會關閉在培養皿裏細胞基因的表現。貝斯特仍然未被說服，反應說因為研究人員只提供在大腦裏甲基化作用之百分比數，這很難講任何特定細胞在實際上所有的部位都被甲基化。如同去甲基酵素，襄佩恩表示確定有酵素存在：「因為發生化學反應，而DNA甲基群消失，因此一定有一種酵素進行此功能。」植物細胞具有特定之去甲基酵素，而

許多人懷疑此種酵素會在動物細胞中出現，更加史濟夫堅持確實有伯德所無法證實 *Mbd2* 之發現。至於改變的大小，襄佩恩了解為何許多分子生物學家十分小心。「如果你總是在細胞培養皿裏檢視作用大小，那麼在行為模式中報告之作用大小種類對你而言可能根本不是一回事，」她如此解釋：「如果你在培養皿裏見到這種作用，那一定是錯的。」但是她指出在神經系統裏小改變能產生大作用，襄佩恩強調說：「對行為而言，係如此依賴在大腦裏何處發生改變、哪一部份的迴路受到影響等。」然而她表示目前仍然有許多未知之處，她也感謝對此領域懷疑的想法是健康的，對其她認為可能太熱切、太快速了，她表示批評：「即使每一個人都誠實，在此領域中熱心情況明顯高昂，但是我認為人們對此的期待須要冷卻一些，有幾件事我們必須要解決。」

　　然而史濟夫認為，對於行為漸成基因作用的反應反射出該領域在社會思潮上的差異，此情況需要整合。「精神疾病學領域十分高興獲有此種他們欠缺之機制，」他表示：「這原是困擾他們的事而如今卻像是，『喔，這有意義多了。』」但是漸成基因作用學家表示：「喔，算了吧，這只是魔術而已。」史濟夫指出幾乎所有引用他與敏尼 2004 年研究的論文都是來自行為科學，而非基因學或分子生物學。然而某些分子生物學家對此想法感

到熱心，「我們開始在一個基因以上見到此情況發生，超過一個神經元部位，」美國貝勒醫學院的基因學家胡達·佐格比（Huda Zoghbi）表示說，他研究DNA甲基化作用在一種精神障礙上的角色：「目前有幾個議題，但是我認為十分有趣而我們對其必須真正重視，並開始思考有關此種情況如何發生。」正確決定其如何發生仍然是個挑戰，即使如果研究人員能解決甲基標記如何由基因去除，他們必須呈現生命經驗，例如母親照顧會引起那種改變的機制，敏尼已經提出母鼠舔吮剛出生大鼠會增加神經傳導物「血清素」（serotonin）的量而可改變甲基化作用，但是沒有實驗提供證據可解釋此種關聯如何發生。行為漸成基因作用學家知道他們必須進行研究來回應批評，而他們正準備去作，史濟夫實驗室使用一種能由神經膠將神經元與其他細胞分離的技術，因此他能顯示甲基化作用正在發生之處，而敏尼表示實驗正進行中來了解一系列環境可能改變甲基化作用之事件，裏佩恩正以小鼠進行研究，希望作出更多基因學實驗，並表明行為科學家與受古典訓練之分子生物學家合作情況增加，她最近雇用一位博士後科學家受過漸成基因作用訓練：「問題總是變成，妳如何將一種社會經驗轉變為DNA甲基化作用的量？現在這是極為猜測性，我們不知道究竟如何做，要真正研究這問題，最終你必須回到培養皿

裏解決。」直到獲得這些種類的堅實數據，許多分子生物學家表示他們仍然將待在懷疑的角落。「這是一個有趣的可能性，但是我的確認為人們已經跳越爭論並見到更正面的結果真正出現。」伯德認為：「我確實高興相信此情況非常重要，但是我也高興相信這是毫不相關的。」

精神疾病的新基因學

生命裏的經驗加上分子可以啟動控制我們大腦活性的基因，造成我們對於憂鬱症、焦慮症與藥物上癮的敏感性。

在整個歷史上，巫醫、神職人員及醫生已經嘗試確定當一個人陷入悲哀、瘋狂或精神變態時何事出錯，理論學家已經將精神疾病歸咎於許多原因：如體液不平衡、星球運動、不自覺之精神衝突及不幸的生活經驗，今日許多研究人員相信精神異常大部分是由個人的基因組成形成，總而言之，基因是製造及控制大腦蛋白質的藍圖。然而基因學並非全部的故事：同卵雙胞胎，具有實際上相同的DNA，但並非總是發展出相同的精神疾病，例如，如果同卵

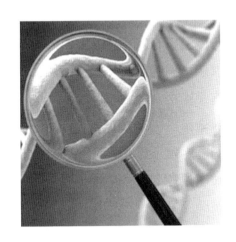

雙胞之一胎罹患精神分裂症，另一個雙胞胎則只有 50%
的機率也罹患同樣疾病，的確，許多數據認為精神疾病
典型地是由環境及許多不同基因間複雜地相互作用產生，
但是只有最近科學家開始領會環境如何作用於大腦而產
生心理改變。

　　由一種精神疾病的新觀念引領，研究人員發現生命
經驗能真正改變一個人的心靈：藉化學物質覆蓋控制其
功能的 DNA，但是以一種不改變基因密碼的方式進行。
並非創傷經驗、藥物濫用或缺乏作用，有時其他因素會
引起「附屬分子」（satellite molecules）結合至一個人的
DNA 上，這並未觸動基因的基本重要性，這些懸掛分子
改變了基因的表現，關閉或加速形成某些蛋白質結構影
響了一個人之精神狀態。研究人員稱此新領域為「漸成
基因作用」（epigenetics）【「epi」表示在上或在外】，
他們發現藉促進一個調控壓力及焦慮的基因表現，大鼠
母鼠養育行為能支撐剛出生小鼠恢復情緒的能力，另一
方面，令人苦惱的事件似乎會藉「漸成基因機制」（epi-
genetic mechanisms）關閉一種神經生長蛋白質的表現，
因此促進憂鬱情況。相似地，近來研究認為漸成基因改
變也可能對於藥物上癮及精神分裂症的病理學以及保留
長期記憶方面具有影響。鑑定此等引起精神疾病的分子
變異，能使得科學家對於精神疾病發展出一套新的治療

方法，例如，未來藥物可能設計在藥理上能擦拭DNA以消除導致變成精神分裂症、憂鬱症、焦慮症或藥物上癮的分子改變。

表現的基因

我們的基因，埋藏於身體每一個細胞中央的 DNA 中，形成蛋白質藍圖、細胞機器，蛋白質分子建立並維持我們的大腦與身體，型塑我們的人格及身體特徵，基因學的研究大部分是基因密碼〔即其化學單元（A, T, C and G）的序列〕與人或動物之型態或行為改變間相關變化的一種規律。但是如產生作用，一個基因必定實際上被用來作為一種蛋白質的模版，此過程稱為基因表現（gene expression），不同（從前製造）蛋白質結合至DNA上，並用其轉錄成中間分子稱為RNA，然後轉譯成為一種蛋白質，一個細胞並不轉錄及轉譯每一個基因，然而，個體的每一個細胞含有相同基因，但是不同細胞使用不同組合的基因，此等選擇性基因表現使得個肝臟細胞不同於大腦細胞，相似地，如果一個人細胞裏的基因表現改變，這個人就會表現不同的身體或情緒特徵。

此種情況如何發生？關閉一個基因的原始機制包括防止必要之分子接觸，像是一條長線圍繞在一個物件，DNA分子緊密捲曲〔大部分圍繞於蛋白質「線軸」（spools），或「組蛋白」（histone）上〕，如果將這樣長度的DNA契合於細胞核內，這是一種必要的方式，以此種致密狀態，DNA無法靈活地作為蛋白質的模版，為要表現，一個基因的DNA段落必須鬆開並曝露出。「漸成基因機制」（epigenetic mechanisms）開放或抑制對某個細胞基因的接觸，因此可控制基因表現，此等機制包括在DNA或組蛋白添加或去除某些分子，例如，結合所謂「甲基群」〔methyl groups，含有一個碳原子與三個氫原子（CH_3）〕至 DNA，藉物理性阻礙轉錄機械結合至這個DNA的能力來限制接觸產生，因此能關閉或至少讓基因靜止，此外，固定「乙醯群」（acetyl groups, $COCH_3$）至組蛋白可擴大染色體構造，有利基因表現，實驗人員發現愈來愈多此等化學改變能針對特殊生活經驗而產生，某些此種修飾作用會影響一個人的精神穩定性。

雙親照顧的影響

　　某些雙親照顧的情況能深遠地型塑一個兒童的情緒發育及精神健康，而某些證據認為漸成基因作用也可做到此結果，例如，兒童時期受到性虐待及肉體虐待的女人具有過度的壓力反應：即使面臨微小壓力，在血液中壓力賀爾蒙「皮質醇」（cortisol）的量變得異常升高（例如在聽眾前面演講及進行心算十分鐘），另一方面，兒

童接受許多正常身體動作及照顧，比那些較少受到注意及養育的人，可能在成年時不會產生更多情緒反彈及較少受到壓力影響，至少這是某些動物研究的結果。1997年，加拿大馬基爾大學的神經科學家麥可‧敏尼（Michael J. Meaney）與其同事比較大鼠的壓力反應，母鼠在頭十天用力舔吮並照料剛出生的大鼠，與那些母鼠極少舔吮及照料的大鼠相比，科學家發現受到高度舔吮及照顧的剛出生大鼠顯現較少焦慮及壓力情況，而那些被限制在小塑膠管裏二十分鐘時較少受到舔吮及照顧的大鼠其大鼠壓力賀爾蒙「糖皮質素」（corticosterone）的量顯著衝高得多，並維持更長時間。但是動作與養育（或缺乏）如何型塑剛出生大鼠對壓力的生理反應？當一個人或動物察覺到威脅時，大腦認知與情緒部位就警告「下視丘」（hypothalamus，位於大腦基部一個核桃大小的構造），下視丘然後傳送化學訊息至腎上腺，並經由另一個腺體稱為「腦下腺」（pituitary），告訴它們釋放皮質醇或糖皮質素（大鼠），這種賀爾蒙最終對下視丘提供回饋作用，結合至下視丘神經元特殊分子受體上，來抑制進一步活性，此種回饋可預防身體對壓力產生過度強大及延續的反應，然而在焦慮的大鼠，該迴路顯然並未工作良好，因此下視丘持續活化並對限制身體的壓力繼續釋放糖皮質素。

敏尼與其同事感到好奇，是否在這些大鼠的問題可以回溯至下視丘的糖皮質素受體上，研究人員找到理由認為，如果大鼠大腦缺乏這些受體，這種缺失情況可能會在回饋系統上產生差錯，因此敏尼與研究生伊安·威佛（Ian Weaver，如今在多倫多大學）及其他人對不論接受母鼠許多或太少舔吮及照顧的剛出生大鼠，更進一步檢視此種糖皮質素受體的基因。在 2004 年敏尼的研究小組報告：在受到低度舔吮及照料之剛出生大鼠比起相同在受到較佳照料對照組大鼠的相同基因，前者糖皮質素受體基因帶有更多「甲基群」，結果，接受較少養育的大鼠此基因只有遲緩的表現，因此在下視丘產生較少糖皮質素受體，缺乏受體則減弱糖皮質素在壓力事件後使下視丘安靜的能力，放大壓力反應並造成過度受壓及焦慮的動物，在另一方面，高度舔吮及高度照顧之母鼠養育行為使牠們小鼠糖皮質素受體基因比較沒有甲基群存在，因而這些小鼠如同成鼠般能較佳處理壓力。

緩解憂鬱症

　　在憂鬱症發作上另一種漸成基因改變可能扮演關鍵性角色，雖然許多人的觀念認為憂鬱症係化學不平衡的結果，但是沒有人知道此病的真正機制，某些研究人員如今提出理論認為憂鬱症會由不足量的生長因子蛋白質

例如「大腦衍生神經營養因子」（brain-derived neurotrophic factor, BDNF）產生，這如同其他生長因子，可支持並滋養神經細胞，在一個 2006 年的研究，研究人員發現在罹患憂鬱症女人的血液中 BDNF 的濃度異常低下，更加，以抗憂鬱劑治療後可將該女人血液中 BDNF 的量恢復正常，相似地，其他實驗證明例如以抗憂鬱劑、「電痙攣療法」（electroconvulsive therapy, ECT）及運動等治療方法皆能增加齧齒類動物大腦中 BDNF 的濃度。

直到最近，沒人曉得 BDNF 耗竭之分子機制，但是這十年初，美國德州西南大學醫學中心的精神病學家及神經科學家愛瑞克・奈斯特勒（Eric J. Nestler）與其同事提出理論，認為憂傷的經驗可能改變預定製造 BDNF 的DNA，在 2006 年一個研究，奈斯特勒與同事讓「霸凌」（bully）小鼠與個頭較小的小鼠在籠中每天交配五分鐘，面對霸凌的對象，身材嬌小的小鼠動作焦慮且順從：牠們吱吱叫、畏縮並嘗試逃出籠子。於是科學家用一片鐵絲網將兩隻小鼠分開停止接觸，但這仍然會讓身體較小的小鼠聞到霸凌小鼠的體味，直到下一次再相聚，如此處理十天後，較小動物的動作顯現受到挫敗的行為：像是憂鬱症病人，牠們不再與其他小鼠互動，並以一種古怪的姿勢呈現異常焦慮情況，站立不動而非探索對方，這些小鼠在牠們大腦裏也具有異常低量的 BDNF。

為找出霸凌行為如何可能降低 BDNF 濃度，研究人員檢視被霸凌及較佳對待之小鼠兩者大腦海馬細胞裏製造 BDNF 的基因，他們發現受挫敗小鼠比正常小鼠在接近 BDNF 基因的組蛋白上有較大濃度的甲基群，因此認為受威脅之經驗能化學性隔絕 BDNF 基因，關閉藍圖並抑制BDNF的製造，更甚的是，以一種抗憂鬱劑（imipramine）治療受挫敗的小鼠，每天給藥共一個月，則會促進 BDNF 的製造（並緩解憂鬱症），明顯地係藉加入乙醯群至BDNF基因造成。其他治療憂鬱症的方法對BDNF基因可能有類似作用，例如，在 2004 年一個研究中，奈斯特勒的研究小組發現，對憂鬱症的齧齒類動物應用電痙攣療法時，也會增加 BDNF 基因周圍組蛋白上的「乙醯化作用」（acetylation），神經科學家懷疑心理治療法可能具有相同作用，但是沒有人曉得究竟效果如何，因為還沒人對齧齒類動物發展出有效的談話治療法。

神經分支

漸成機制也可能存在於我們對於物質上癮（例如酒精及非法藥物）的根基內，藥物上癮可能由基因因子促進；這就是遺傳上敏感的個人比其他人更容易上癮，但是將大腦移轉至一種上癮狀態必須利用某種物質，而漸成基因作用似乎在此種移轉上具有功能。上癮藥物藉脅

迫大腦獎賞中心產生其暗中危害的作用，獎賞中心包括一個中腦構造稱為「依伏核」（nucleus accumbens），此構造正常對一般愉悅情況起反應，包括飲食及性，但是一種濫用藥物（例如古柯鹼，cocaine）能敗壞大腦的獎賞迴路，而使得此等藥物變成一個人愉悅的唯一來源，在細胞層次，「古柯鹼依賴性」（cocaine-dependent）齧齒類動物的依伏核含有神經元像是更茂密的灌木，比那些從未暴露於古柯鹼的動物有更多分支或樹突尖刺與其他神經元連接，藥物濫用似乎激勵這類分支的生長，此情況可能異常加強大腦獎賞迴路中神經元間的溝通。

可能刺激細胞變化的蛋白質是一種「激酶」〔cyclin–dependent kinase-5（Cdk5）〕，這是一種酵素似乎能調整兩個神經元在連接處〔稱為「突觸」（synapses）〕如何溝通良好，在 2003 年，奈斯特勒與其同事報告，以一種抑制 Cdk5 活性減少古柯鹼對於神經分支作用的藥物注射大鼠：結果大鼠依伏核神經元萌發較少分支，因此顯得較不像茂密的灌木，該研究作者下結論說：「在依伏核，古柯鹼誘發之樹突尖刺增生是依據 Cdk5 的活性而定。」在 2004 年，奈斯特勒與德州西南大學醫學中心的神經科學家阿爾威因・庫馬（Arvind Kumar）及其他人報告，與喝下生理食鹽水的大鼠相比，長期暴露於古柯鹼的大鼠，在組蛋白上的 Cdk5 基因，具有超過四倍量的乙

醯群存在（這些乙醯群能鬆開染色體構造使基因更容易
被接觸到），因此暴露於古柯鹼似乎會促進基因的表現，
提升 Cdk5 蛋白質的製造，轉而刺激或使得在依伏核上的
神經連接生長，此等漸成改變可能因此造成上癮行為。

製造連接

與藥物上癮明顯歸咎於環境情況相反，精神分裂症
所產生之幻覺、冷漠與思想扭曲的原因仍然十分不明，
在細胞層次，研究人員已經注意到已故精神分裂症病患
大腦一種反常情況：與精神健康正常者相比，在病患大
腦的某些認知及視覺部位，神經元較小、較薄且與其他
神經元之連接較不密緻，雖然無人確定何者可解釋此種
解剖學上之奇特處，但部分可能由於調控或形成神經聯
絡所必要的某些蛋白質失常造成，此類蛋白質之一為「捲
軸素」（reelin），這是一種酵素作用於在神經元間延展
之分子「構造基質」（structural matrix）上。

研究人員已經發現在已故精神分裂症病人大腦不同
部位的捲軸素濃度大約減少 50%，在 2005 年，兩個科學
研究團隊同時報告有關捲軸素缺失的一個可能原因，在
研究之一，美國芝加哥伊里諾大學的分子生物學家丹尼
斯‧葛瑞森（Dennis R. Grayson）與其同事比較十五位已
亡故精神分裂症病人與十五位沒有精神疾病者在大腦組

織裏的捲軸素基因，研究人員偵測到與正常大腦組織相比，在精神分裂症大腦後面部位的組織中，有較多數量的甲基群連接在捲軸素基因上，他們認為精神分裂症可能由減少捲軸素基因表現的漸成基因改變引起，雖然聖地牙哥加州大學的精神病學家明頓（Ming Tsuang）與同事也獲得類似結果，但是其他組兩科學家後來卻無法找到捲軸素基因甲基化作用與精神分裂症間的關聯性。

即使捲軸素基因甲基化是精神分裂症原因之一，卻沒人知道何種環境因子可能產生此種DNA之化學擾亂結果，同樣科學家也無法確定減少製造捲軸素如何能導致精神分裂症，缺乏參與神經遷移及重新建構神經連接的捲軸素，可顯現神經元與其他神經元無法形成通常的連接數量，但是此種情況如何導致如幻覺等症狀並不清楚。然而，逐漸增多的證據建議在精神分裂症病人大腦中過多的DNA甲基化作用在並不限制於捲軸素，也延伸至包括神經溝通及大腦發育上許多其他基因，因此DNA甲基化作用，由未知之環境因子促發，可能在精神分裂症之發展上扮演一個重要角色。

化學拭除劑

研究人員希望闡明在經驗及精神疾病間的分子途徑，最終將繞過此途徑朝向對精神疾病異常發展出更佳治療

方法，早期研究已經建議對抗壓力與焦慮（至少針對大鼠），可能為部分清除DNA上漸成標記之方法。在2004年論文中，威佛、敏尼及其同事對曾經被低度舔吮及低度照料母鼠養育的大鼠使用一種組蛋白去乙醯抑制劑（一種化合物可同時促進乙醯群數量及減少染色體上甲基群數量），Meaney的研究小組發現此種治療法可消除大鼠欠缺養育引起的情緒低落情況，經過治療的大鼠當被困在管子裏時不再特別焦慮：他們壓力賀爾蒙的量與被高度舔吮及高度養育母鼠照顧的大鼠一樣。

最終科學家可能對罹患棘手精神疾病異常的人測試一種類似的治療方法，醫生也可能勸告具有精神異常症狀危險的病人注意行為，例如，改變他們的飲食（這能改變小鼠的基因表因而決定例如皮毛顏色等特徵），經過精神治療或服用藥物，這可能防止對他們的DNA產生破壞性的漸成基因改變，例如有一種甲基化作用的頡頏抑制劑可協助減少被性侵者及受創傷者發生「創傷後壓力症候群」（post traumatic stress disorder）之頻率或嚴重性，甚至可以限制戰爭對軍人的心理影響，即使此等治療方法仍然屬於未來性，最近對於精神異常症狀漸成基因作用的了解，已經激勵發展出有關我們生活事件及經驗如何能改變我們心靈的新觀念。

補綴的心靈

父母親的基因如何型塑你的大腦

你對於高中生物學課的記憶在今日可能有一點模糊了，但是說不定有幾件事未曾忘記，像是你是你父母親的組合物，你的母親及父親每人提供你一半的基因，而每一個親代的貢獻都是相等的，時常被稱為是現代遺傳學之父的孟德爾（Gregor Mendel）在十九世紀末提出他的觀念，由那時開始這形成我們對於了解遺傳學的基礎。

但是在過去幾十年，科學家已經知道孟德爾的了解並不完整，兒童由其母親遺傳到二十三條染色體及由父親遺傳二十三條互補染色體是真的，但是卻顯示由母親及父親得來的基因對於發育中的胎兒並非總是作出相同的影響，有時你由哪一個親

代遺傳到的一個基因會產生效果，在這些例子中的基因稱為「作過印記的基因」（imprinted genes），因為他們攜帶一個額外的分子像是一個標記，這對孟德爾遺傳性質增加了全新層次的複雜性，這些分子印記會將基因關閉；某些做過印記的基因被母親關閉，其他基因被父親關閉，而其結果是基因活性間的精巧平衡通常產生一個健康的寶寶。

然而當此平衡被顛覆時，則會產生大麻煩，因為大部分這些做過標記的基因影響到大腦，主要的印記錯誤會使其本身成為罕見的「發育異常症狀」（developmental disorders），例如「普－魏氏症候群」（Prader-Willi syndrome），其特性為輕微精神遲鈍及賀爾蒙不平衡，結果導致肥胖，而最近科學家已經開始懷疑更微妙之印記錯誤可能導致常見的精神疾病，如自閉症（autism）、精神分裂症（schizophrenia）及阿茲海默氏症（Alzheimer's disease），進一步了解印記作用如何出錯可提供醫生以全新的方法來治療、或甚至預防某些這類異常症狀。

經由作過印記基因的研究，研究人員也發現有關父母親的基因如何影響我們大腦的結論，似乎母親的基因在形成某些大腦部位上扮演較重要的角色，例如那些對於語言及複雜思想有關的部位，而父親的基因對於包括生長、飲食及交配的部位具有更大影響力，戴維斯加州

大學醫學微生物學家珍妮・拉薩蕾（Janine LaSalle）認為：為獲得一個正常大腦，你同時需要母親及父親。他的實驗室專注於「印記作用」（imprinting），科學家開始真正了解這些過程是什麼意思。

為了解印記作用的意義，這協助知曉幾個基礎觀念，印記作用是一種「漸成基因作用」的機制〔epigenetic，表示「超出基因之外」（beyond genetic）〕，在一個細胞內會發生一種分子改變，影響哪些基因被活化的程度，而無需改變下層的基因密碼，發生於卵子及精子細胞的印記種類已知為「基因組印記作用」（genomic imprinting），這是一種對其基本可遺傳性質的參考，作為某種環境影響的結果，則會產生其他種類的印記作用，例如父母親之養育或虐待〔對於更多漸成作用的議題，參見《精神疾病的新基因學》（*The New Genetics of Mental Illness*, Edmund S. Higgins；Scientific Amertican Mind, June/July 2008.）。

在幾十年前，極少人能想像遺傳基因之影響存在於我們 DNA 的基本遺傳密碼之外， 1984 年時，英國劍橋大學及美國費城「維士達研究所」（Wistar Institute）的生物學家分別嘗試繁殖具有兩套父親染色體或兩套母親染色體的小鼠，而非來自父母親的各一套染色體，依據孟德爾理論，剛出生的小鼠一定正常，最終，他們具有

正確數目的基因與染色體，然而，所有新生小鼠卻都死亡，因此認為只具有每一個染色體的兩條是不夠的，每一對染色體必須由母親的一條染色體及來自父親的另一條染色體組成，但是研究人員不知道為何如此。

關閉的戳記

問題的答案是「基因組印記作用」（genomic imprinting），如同生物學家 1990 年代早期所發現，在一系列發表於《自然、基因與發生期刊》（*Nature and Genes and Development*）的論文中，研究人員鑑定出第一個作過印記之小鼠基因，所有都與一種稱為「類胰島素生長因子2」（insulinlike growth factor 2, IGF-2）的蛋白質有關，其功能為控制剛出生小動物的體積大小，小鼠母鼠關閉此基因，結果產生較小型、容易養育的剛出生小鼠，然而小鼠父親則抑制一個預定製造 IGF-2 蛋白質受體的基因──抑制受體的壓抑作用，因此剛出生小鼠會長得比較大型，由此發現之後，科學家已經發現超過六十個人類基因典型地被父親或母親作過印記。

由於添加稱為「甲基群」（methyl groups）的分子至基因的 DNA，基因就被作過印記，其原因目前還未完全了解，此種「甲基化作用」會防止基因的資訊被表現或轉錄成 RNA 及蛋白質（身體的基本建構單元），這有如

印記作用的「戳記」（stamp），抑制基因密碼被細胞所讀取，一個女人的卵只攜帶有她母親傳給她的基因組印記；而她父親的印記則被抹除，同樣地，一個男人在其精子傳遞的基因也被作過印記，與他父親基因所作的方式相同。

在正常情況下，母親特別基因的複本及父親相同基因的複本同時被表現，當基因不同時（例如，如果母親具有藍色眼睛及父親具有棕色眼睛），兩種基因同時被轉譯成蛋白質，最終結果是每一個基因作用的混合表現（棕色蛋白質蓋過藍色，雖然在真實情況上是有幾個基因負責眼睛的顏色表現），當母親的基因被甲基群作過印記，實際上是被關閉——即母親的基因不表現，因為只有父親的基因產物被製造出，因此在實際上，身體可獲得只有半數之特殊RNA或蛋白質，同樣，當父親的一個基因複本被作過印記，那個基因就被關閉，而只有母親基因被用來製造其 RNA 或蛋白質。

發現到印記作用的證據十分弔詭，如果一個人基因的兩個複本在序列上有些微不同，基因學家能分析由基因所做出的RNA來檢視是否也具有兩種變異，如果他們發現只有一種，那麼基因可能被作過印記，因為基因的複本之一沒有表現，如果研究人員已經得到雙親的DNA，他們能證實雙親的哪一個基因被關閉，因為此發現過程

十分複雜及耗時，科學家相信他們只鑑定出一小部分基因其基因組被作過印記，然而，許多目前已知作過印記的基因影響了大腦，就可解釋為何當基因印記作用出錯時，會引起神經發生作用產生重大影響。

平衡扭曲

由於印記作用錯誤產生之罕見異常疾病的有「天使症候群」（Angelman syndrome），影響世界上每一萬二千至二萬個兒童中的一個，罹患此症候群的兒童過動且時常微笑及大笑，此外，許多研究指出超過 40%受影響的兒童同時受苦於「自閉症相關異常疾病」（autism spectrum disorders），在語言及社交技巧上經歷巨大困難，症狀是在一小塊染色體 15 上母親表現之蛋白質減少所標示，通常也被父親做過印記，換句話說，來自父親的基因如常被關閉，但是母親的基因也被錯誤地作過印記，它們不如應作為平衡的父親印記作用那般活化，這些兒童的大腦發育異常：他們的大腦皮質比正常要薄，而一個 2008年的小鼠研究顯示小腦裏的細胞也並非典型正常。

當印記作用的平衡向另一方扭曲時（太多來自母親的淨影響），則產生另一種罕見的印記作用異常疾病，稱為「普－威氏症候群」（Prader-Willi syndrome），每一萬至二萬五千個人之一受折磨，這是由失去父親表現

造成，由於在染色體 15 的相同部位之不規則印記作用引起（然而此情況也能由母親染色體 15 的數目加倍產生），用磁共振影像掃瞄儀研究罹患普－威氏症候群的兒童，顯現他們腦下垂體的構造異常、腦幹較小及大腦皮質萎縮，罹患此疾的兒童表現輕微智力障礙並表現出賀爾蒙問題，這時常導致他們在青春期及成人時變成肥胖。

某些科學家斷言印記作用問題造成不只是罕見之「發生異常疾病」（developmental disorders），它們可造成傷害我們今日社會常見之精神疾病，例如自閉症及精神分裂症，倫敦政經學院的社會學家克里斯多佛·貝德庫克（Christopher Badcock）對自閉症具有個人興趣，導致他及同事研究印記作用對這些異常症狀的影響。

相反之異常疾病

貝德庫克總是認為他比大多數人更接近類似疾病的自閉症這邊，「近代診斷儀器建議相當大比例的人類似此種情況，特別是男人，」他解釋說：「我研讀愈多有關自閉症的資訊，我就愈不能自主地注意到，我可能也是這些人之一。」過了多年，貝德庫克對於自閉症的興趣形成一個基本概念，他回憶說：「這突然打動我，在自閉症症狀與『偏執性神經分裂症』（paranoid schizo-phrenia）症狀間有此種明顯的對稱性。」自閉症是由拉

丁文翻譯過來大約是「自我導向」（self-orientation）的意思，其特徵是社會互動、凝視探測及語言發展的行為受到阻礙，另一方面，精神異常疾病如精神分裂症，可被認為屬於相反情況：在自閉症中的缺乏自我感覺能與罹患精神疾病的人時常發現的「誇大妄想」（megalomania）成對比。

在 1993 年有一天，在搭趁倫敦的通勤火車時，貝德庫克偶然發現一篇刊載在《新科學家期刊》（New Scientist）上有關在 IGF-2 基因的表現上印記作用功能的文章，該蛋白質能影響嬰兒的體型大小，貝德庫克突然體認到，他如此解說：「了解到基因組印記作用可以解釋許多有關精神疾病的問題及是否你會產生自閉症或『精神變態』（psychosis）。」

貝德庫克及加拿大英屬哥倫比亞西蒙佛拉瑟大學演化生物學家博納・克瑞斯匹由此時開始發展出這項理論，他們最近於自然期刊發表一篇短文討論基因組印記作用在自閉症與精神變態上可能扮演的角色，克瑞斯匹斷言說：「這些異常症狀彼此間不同，而印記作用是能調控那些相反特性的機制之一。」雖然印記作用通常會形成一個平衡的大腦，但如果雙親之一的影響超過另一位，則「自閉症相關異常疾病」（autism spectrum disorders）（他們爭論說這是太多父親淨影響的結果）或精神變態

（太多母親淨影響造成），可能取而代之而發展，他們指出。

　　詳盡的證據支持他們的理論，自閉症的特徵是嬰兒出生時體重較重，這使一個人可能猜測自閉症是否由一個過度被父親影響的大腦引起，使得印記作用與管制生長的基因間發生關聯，此外，天使症候群是被一個較大的父親淨影響所標示，而 40%之天使症候群病患也發展出自閉症。另一個罕見的異常疾病貝－魏氏症候群，會被對沿著染色體 11 一個部位上幾種不同替代基因引起，其中之一包括以額外的父親基因複本替代此部位的母親基因複本，罹患此種疾病的兒童產生自閉症的危險增加十倍，依據一個由蘇格蘭聖安德魯斯大學的研究人員發表於 2008 年的研究，再度建議在印記作用、太多相對之父親影響及自閉症相關異常症狀間具有關聯性。

　　雖然在其他方面沒有直接證據顯示精神疾病如精神分裂症及「兩極性異常症」（bipolar disorder）是異常基因組印記作用的結果，然而卻有此種關聯的有趣提示存在，例如，幾乎所有罹患普－威氏症候群的兒童也產生了精神異常疾病。

　　最近幾年，「非發生疾病」（nondevelopmental diseases）也已經與印記作用關聯上，在 2002 年由約翰霍普金斯大學研究人員發表於《美國醫用基因學期刊》

（*American Journal of Medical Genetics*）一個研究報告：基因變異容易讓人們發生晚期開始的阿茲海默氏症最常來自母親，這可能暗示是印記作用，另一個研究發表於1995年的相同期刊，發現兩極性異常症也主要傳自母親，而發表於 1997 年神經學期刊的研究發現如果「妥瑞氏症」（Tourette's disorder）遺傳自父親而非母親時，則具有不同症狀且較晚發生，再度認為（唯尚未證明）印記作用可能在這些疾病發生上具有功能，聖大菲研究所演化理論學家楊・威爾金（Jon Wilkins）如此說明：「目前仍然有許多點須要連接成線。」

如果印記作用確實與常見精神異常疾病有關，那麼有一天以處理基因表現的藥物來治療病人可能是適當的，有一種方法可以調降標的基因的活性，就是使用一種稱為「RNA 干擾作用」（RNA interference）的治療法，因為其干擾基因表現，有一種RNA 干擾作用可降低與生長有關腫瘤基因的表現，目前正在加州及德州進行臨床試驗，而兩種美國經食品藥物管理局核可治療血液細胞異常症的藥物：decitabine 及 azacitidine，可防止甲基群被加至血球的基因，證明此種方法也可能協助矯正其他組織中印記作用的錯誤，雖然許多印記作用錯誤在子宮裏可自行處理，但是在出生後治療不平衡之基因表現可也減少或去除某些發生疾病的症狀。

當科學家發現印記作用在精神疾病扮演的角色後，他們同時也揭發我們雙親的每一位造成我們大腦及行為上某些有趣的不平衡狀況，在兩篇發表於 1995 年國家科學院院刊及科學期刊及 1996 年發表於《發生大腦研究期刊》（*Developmental Brain Research*）上具里程碑性質的研究上，劍橋發生生物學家貝瑞‧凱弗尼（E. Barry Keverne）與其同事發現某些大腦部位幾乎完全被母親的基因所控制，而其他部位則被父親的基因控制，當科學家製造出只含有幾個細胞的正常小鼠胚胎時，他們在培養皿裏將其與只含有單獨父親或單獨母親染色體的胚胎（只分裂成兩個細胞）結合在一起，結果產生的胎兒不是含有大部分是父親的基因或就是含有大部分是母親表現之基因。

　　受較多父親影響的小鼠具有較小型的大腦及較大型的身軀，而大腦細胞在下視丘及隔膜上大量生長，這些部位是維持能量平衡及調控如尋找食物、交配、情緒表現及社會侵略的行為，相反地，受更多母親影響培育出的小鼠具有較小型身軀及較大型大腦，特別是前腦及負責智慧、複雜情緒反應、計畫及解決問題的部位。

如父如子──有其父必有其子

　　這些發現建議在人本能行為的發育上父親的基因具

有較大影響，例如飲食及交配，然而母親的基因更集中作用於高等認知的發育，拉薩蕾解釋：「母親的影響更多在大腦的語言及社會執行功能層面，這些在意義上更為複雜。」

心理學對人類的研究也支持這些數據，在 2006 年發表於《神經生成作用期刊》（*the Journal of Neurogenetics*）的研究，加拿大貝克瑞司特醫院的心理學家，招募許多家庭包括成年的兄弟姊妹以及他們親生的父母親，研究人員讓他們進行試驗，包括依據特殊大腦部位所執行之功能，兄弟姊妹進行的工作涉及額葉、頂葉及海馬，這與他們母親像得多，科學家建議使用這些部位的技巧是來自母親，然而作者承認，兒童這些種類的技巧也可能與他們的母親類似而已，因他們在兒童期時與他們的母親在一起所花時間的多寡而定。

然而不可否認的是，基因組印記作用已經顛覆某些生物學最基本的原則，一個世紀以來在遺傳學、發生生物學及神經科學的研究價值是根基於遺傳的觀念，簡單地說起來是不對的，這表示我們對於大腦所知道的要比我們從前所想的少得多，威爾金承認：「我們得到許多新的要素，但基本上，我們甚至不知道如何去了解。」我們不再能想像我們自己只是雙親粗略的組合物，而是錯綜複雜的迷題，由幾千片母親與父親的片段在演化的

過程中所製作出，一旦我們鑑定出所有部分（其自身即為巨大挑戰），然後我們必須解碼來發現它們如何拼合在一起，威爾金說：「這正是要花上許多時間。」

兩性的戰爭

基因組印記作用，在其某些基因被母親關閉而其他基因被父親關閉，對於遺傳之傳統觀念加入一層複雜性，當印記作用出錯時，會引起可怕的神經性問題，因此為何其在一開始時就演化出？演化生物學家已經提出幾個理論來解釋，但是其中最被廣泛接受的一個是「雙親衝突」（parental conflict）的想法，由哈佛大學生物學家大衛・海格（David Haig）發展出，此理論基於兩個前提：第一、我們的祖先經過長時間，演化出協助他們將盡可能多的基因傳遞給下一代的行為；第二個前提為我們的女性祖先傾向與一個以上的男人生產小孩，而早期男性祖先讓盡可能多的女人懷孕。

如果這些前提是真的，因此依據理論，這是男人的演化目標來產生一個嬰兒需要來自其母親盡可能多的養育及照料（以母親其他的小孩為準，這假設是經其他男人受孕生產），相反地，女性的最佳目標是保有沒有過度需求的兒童，因為她的目的是將她的資源平均分配給所有小孩，因此他們才具有相同的存活機會。

海格解釋這些相反的力量經由基因印記作用而彼此爭鬥，母親趨向關閉促進生長及需求行為的基因，而父親傾向關閉減緩生長及需求行為基因，英國威爾斯卡地福大學行為遺傳學家安東尼・艾爾斯（Anthony R. Isles）如此認為：「此種對比是他們由懷孕作用所祈求的。」

　　有些對於印記作用的研究支持以下理論：母親時常關閉與生長有關的基因，在實際上會將所製造促進生長的蛋白質濃度減為一半，而研究建議父親提供的基因在包括進食及吸吮的大腦部位比母親提供的基因具有較大作用，但是雖然大部分研究人員同意以此種雙親衝突理論來解釋印記作用的源頭，然而這仍然只是有力的間接證據罷了。

生而受創

——父母親的創傷如何在你的基因上作標記

如果你的雙親曾經經歷戰爭或飢荒，你可能在遺傳上更容易發生相同之事，這是時間改變所產生的問題。

在 1982 年夏天，以色列入侵黎巴嫩，雖然衝突只持續不到四個月，由於黎巴嫩軍隊在貝魯特屠殺幾百位平民逃難者，而以色列軍隊卻在旁觀看，此事件變得聲名狼籍，某些回國後的以色列軍人發作「創傷後壓力症候群」（post-traumatic stress disorder），受苦於做惡夢及瞬間重見在那時所見到之事，當以色列軍隊的隨隊流行病學家札哈娃・所羅門（Zahava Solomon）檢視此情況後，她發現一個特殊群體發生創傷後壓力症候群的比例最高：這些軍人的父母親是在世界第二次大戰時歐洲大屠殺下存活的人。在 1988 年發表她發表此發現，所羅門認為大屠殺存活者的小孩經由聽到父母親敘述他們所發生的故事，而可能學習此種容易受傷的本性。二十年後，神經科學家瑞契爾・葉胡達（Rachel Yehuda）有不同的解釋：

這些軍人傾向容易罹患創傷後壓力症候群是甚至在他們知道誰是父母親之前就被決定了，而當時他們仍然在子宮裏。

葉胡達是美國紐約市西奈山醫學院創傷壓力研究部門主管，是愈來愈多認為我們對於壓力的反應是在生命早期（有時甚至在子宮裏）就被型塑的研究人員之一，那些影響不會改變我們遺傳到的基因，但是的確改變了基因的活性，經由所謂的「漸成基因作用機制」（epigenetic mechanisms），此情況能決定我們在生命後期罹患精神疾病的危險，不只是創傷後壓力症候群，或許也包括憂鬱症、焦慮症及其他疾病。本身有麻煩的父母親更容易生出有麻煩的小孩這種講法十分常見，基因與環境的相對作用已經被政客、教育人員及媒體無止境地爭辯不休，如今剛萌芽的科學「行為基因漸成作用」（behavioural epigenetics）、有時也稱為「神經─漸成作用」（neuro-epigenetics），有助於把梳理清其負責之分子機制。忘記「先天與後天」（nature versus nurture）吧，「這是有關後天如何轉變成先天的機制。」葉胡達解釋說：「這表示你的基因在如何產生作用上，環境是一個關鍵操弄者。」

葉胡達在 1990 年代開始研究此領域，當她在紐約為大屠殺存活者設立一間心理治療診所，並接受更多他們

已成年的小孩就醫，在 1998 年她顯示大屠殺存活者的後代成年後較一般族群發生創傷後壓力症候群的比例要高註①。葉胡達開始調查她對象賀爾蒙的情況，當一般人碰到威脅時，其腎上腺（位於腎臟頂端）就潮湧般釋放腎上腺素（adrenalin）及正腎上腺素（noradrenalin，在美國稱為 epinephri 及 norepinephrine），這些賀爾蒙引起心跳加快及呼吸加速準備戰或逃的行為，一旦威脅過去，腎上腺就釋放賀爾蒙「皮質醇」（cortisol），降低我們的壓力反應（參見圖示）。低量的皮質素與連創傷後壓力症候群有關，或許因為罹患此種異常症的人處於長期之壓力狀態，當然足夠了，葉胡達顯示她罹患創傷後壓力症候群的大屠殺存活者組群含有皮質醇的量很低，但是她也發現這些存活者的小孩也具有低量的皮質醇，而父母親的症狀愈嚴重，小孩皮質醇的量就愈低。

不良的父母親

　　這些研究發現似乎建議大屠殺存活者其自身對於壓力的反應已經以某種方式型塑出他們小孩的反應，但是對這類家庭所知如此少，就很難說為何如此，小孩是否學習到那種反應，如同所羅門的提議？是否父母親的作為是一個議題？或小孩多少遺傳到壓力反應？

　　某些結論來自對於大鼠的研究，在加拿大馬基爾大

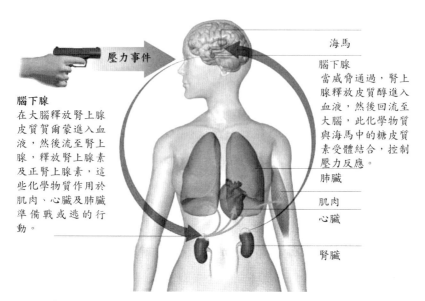

壓力反應

學一位神經科學家麥可・敏尼（Michael Meaney）的實驗室，雌性大鼠對於牠們的新生大鼠舔吮及梳理多少次的表現不同，可粗略分成為兩種組別：關心的母鼠花費許多時間舔吮及梳理牠們的新生大鼠，而忽視的母鼠就非如此，結果，被忽視的新生大鼠具有一種壓力反應其時間更長而且容易誘發，牠們感到害怕、怯懦及「過度警覺」，這行為似乎與人類相類似，作為小孩時期被忽視，當他們長大時具有更多心理上的麻煩事。檢視動物行為的一種方式是認為忽視的大鼠是不良母鼠，牠們的後代

受苦於在精神上有害的結果，相反地，或許他們養育高度警覺的後代會給予他們較佳的機會在危險世界中存活，這有道理，因為在危險環境中，大鼠可能較少時間來舔吮及梳理他們的新生後代。

虐待的印記

在 2004 年，敏尼小組對此作用背後分子機制之報告具有一種引人的洞察力，一旦威脅藉結合至大腦（包括海馬）內稱為「糖皮質素受體」（glucocorticoid receptors）而發生，皮質醇會降低壓力反應，敏尼的研究小組顯示受忽視大鼠在牠們的海馬上具有較少量的糖皮質素受體，而這是一種漸成基因改變影響受體基因活性的結果（見何為漸成作用？），這似乎如同早期母親之忽視關閉海馬中基因「量的控制」（volume control），表示較少受體被製造出，最終產生一種過量的壓力反應。

這些發現轉譯至人類有多適用呢？在 2009 年，敏尼研究小組嘗試回答此問題，藉研究由二十四位自殺者所取得之大腦組織，研究人員訪談自殺者的朋友與家庭成員，嘗試找出是否他們的對象在兒童期時曾經被虐待或忽視，那些曾受到虐待者比沒有此等歷史者在海馬上具有較少量的糖皮質素受體，就像是被忽視的剛出生大鼠

註②，同時對於他們海馬中基因量的控制具有相同模式的漸成基因改變。對於葉胡達而言，此情況證實兒童期發生之事件的確能引起我們處理壓力方式的長期改變，為嘗試偵測生命中究竟多早會發生此種程式化作用，她研究一群不同的存活者：在 2001 年 9 月美國發生恐怖攻擊事件時，許多女人處於或接近紐約市世界貿易中心，而她們在那時正好已經懷孕，此案例的優點為她們嬰兒的皮質醇在非常早期時可被量測與追蹤，有三十八位女人被研究，其中大約一半已經發作創傷後壓力症候群，而這些人比其他人具有較少量的皮質醇，更重要的是，她們九個月大的嬰兒也是如此註③。不像大屠殺存活者的小孩，研究人員可排除講故事作為一種形成機制，所發生之事都是發生於非常早期，皆為剛開始說話前的嬰兒，但是由於嬰兒只在九個月大時被測試，這不可能論斷是否作用是由子宮內的某種情況或是在他們生命裏的前幾個月所產生。

然而有一個不同種類的研究的確建議皮質醇能被父母親照顧行為影響，約拿桑・賽可（Jonathan Seckl）是英國愛丁堡大學的賀爾蒙專家，他與葉胡達一起研究九一一事件，由芬蘭非常受歡迎的「甘草精糖」（licorice sweets）見到一個研究機會出現，這種有茴香果實甜味的甘草精來自一種稱為 glycyrrhizin 的化合物，此化合物

剛好抑制胎盤裏的一種酵素，此酵素正常情況下會分解母親之皮質醇並減少進入胚胎的量，在理論上，懷孕女人吃下大量甘草精會讓他們的嬰兒暴露於更多皮質醇。賽可的研究小組發現當懷孕女人吃下大量甘草精（相當於每星期 500 mg glycyrrhizin）或更多量時，她八歲的小孩在清醒時唾液裏含有皮質醇的量比吃得最少量母親的小孩多過 20%，令人警覺的是，此情況也影響小孩的行為，在高甘草精組的小孩更傾向於不遵守規則、具侵略性及罹患「注意力缺失／高活性異常症」註④。為何高量甘草精糖與侵略性有關及低量皮質醇與創傷後壓力症候群有關並不清楚，有人企圖推測侵略性是恐懼的「相反」（opposite）行為，但這解釋可能過度單純化，有時人們能同時具侵略性及被驚嚇到；而且甘草精糖研究包括小孩及創傷後壓力症候群的成年患者。

嬰兒能被子宮內情況影響的想法是在 1980 年代獲得支持的基礎，當時英國南漢普敦大學的醫生大衛・巴可（David Barker）指出營養不足的母親生下較小的嬰兒（他們在成年時更容易罹患不同疾病），由那時起出現此種「胎兒程式化作用」（fetal programming）是正常生物學的一部份，主導此大學「健康與疾病發生起源中心」（Centre for Developmental Origins of Health and Disease）的馬克・漢生（Mark Hanson）表示，「每一個胎兒都暴

露於來自母親有關她存活世界之訊息。」糖皮質素無疑是重要的程式化訊息，但是也有其他物質，包括養分及抗氧化物越過胎盤產生影響。在 2004 年，漢生與紐西蘭奧克蘭大學的彼得·格魯克曼（Peter Gluckman）提議：我們得病的危險是我們在子宮裏的程式化作用與我們進入的環境不符合來決定（*Science*, vol 305, p 1733），在子宮裏營養不足的小孩卻非常適應成年期營養不足的情況，但是如果他們吃入高卡路里之飲食而成長時，他們就大有機會變得肥胖。或許高度警覺也正是相同情況，這是創傷後壓力症候群及焦慮症的一種特徵，「如果沒有威脅存在，高度警覺就是適應不良，」葉胡達如此形容：「但是如果有威脅存在，具有高度警覺的人就會贏得勝利。」此情況的一個良好例證是 1994 年由加拿大蒙特婁大學心理學家理查·川布雷（Richard Tremblay）小組所進行的研究，他顯示在鄰居皆貧困的環境下，羞怯的兒童較不容易犯法而進入監獄或停屍間。

食物的細微調整

然而賽可認為集中注意力於壓力反應，至少在「大屠殺存活者」（Holocaust survivors）的案例，是圖像中失去的部分，這是由於皮質醇是一種具有雙重功能的賀爾蒙，除對壓力起反應之外，同時也依據食物是否豐富或

供應短缺來協助細微調整我們體內的新陳代謝作用，被監禁於集中營的人不只受到創傷並且也營養不良。當食物稀少時，皮質醇通知肝臟將儲存的蛋白質轉變成有用的燃料，然而在腎臟卻協助留置鈉，在營養不良的情況下，此狀態似乎可達到，並非藉提升血液中皮質素的量，而是減少皮質素在肝臟及腎臟中被分解的比例，2009 年賽可與葉胡達在大屠殺存活者中發現一個驚人的相關性：第二次世界大戰時愈年輕的人，在肝臟及腎臟中分解皮質素的酵素愈不活躍註⑤。賽可認為存活者係調整他們的新陳代謝作用以適應營養不良，然後將此狀態傳衍至他們的後代，可能是經由他們基因的漸成基因改變，對於容易罹患創傷後壓力症候群的後果可能已經是那種調整之後不想要的副產品，或是一種對於既缺乏食物且危險之環境下有用的適應性。

漸成基因作用的研究仍然處於其嬰兒期，而有許多未解決的問題，不只是漸成基因訊息究竟能傳遞多少代，賽可與敏尼已經發現在以糖皮質醇處理懷孕母大鼠後，在其後代產生之新陳代謝改變也似乎在其再更後一代出現，雖然不會發生於再後代動物，此情況似乎在人體反映出，依據瑞典的研究顯示，在被研究的第一代兒童期營養狀況與其孫輩兒童的疾病危險間具有關連性註⑥。如果這些發現被其他證據支持則將真正是本質性的問題，

由於漸成基因訊息被假設是在生成精子及卵的細胞中被抹除註⑦。然而這消息並非全然不利，川布雷描述漸成基因作用為：「不斷更動的故事，漸成基因改變每天都發生，經由我們所吃、所喝及我們表現之行為。」他如此說明，因此已經做成之事能有時並未發生。

依據此類研究來開始改變醫學或社會政策目前實在還太早，但是許多研究如今係根據由剛出生至成年期大量組群的人數來進行，並將檢視早期介入產生的衝擊，例如對被認為有忽視他們嬰兒危險的父母親加以支持等。具有鼓勵性的新聞來自敏尼的實驗室，至少是針對大鼠，出生自忽視母鼠但是在第一個星期就交給其他母鼠寄養之剛出生動物不會發展出過度壓力反應，這是比牠們不幸的同窩大鼠的特徵。嘗試預防早期創傷的結果看起來似乎相當動人，但是有警示存在：是否一種特徵例如過度警覺被考慮為疾病或是存活方法，是依據兒童生長以至居住的環境而定。正如賽可所言：「如果你不以其預定的目的來瞭解事物，你將誤判如何來應付它們。」

何為漸成基因作用？

這是對於基因的漸成基因改變來決定它們是否被開啟或關閉；換句話說，是否基因的蛋白質正在製造或靜

止不動，例如在皮膚細胞，製造皮膚蛋白質的基因被開啟，而大部分其他基因被關閉；在肌肉細胞，製造肌肉蛋白質的基因活化等等，大部分漸成基因改變發生於個人生命期之過程內，但是研究如今建議某些改變可能會傳衍至下一代。基因被關閉究竟是什麼意思？DNA 是以一連串糾結的圓圈及螺旋緊緊纏捲著稱為「組蛋白」（histones 的）包裝蛋白質，而大大減小其體積，此構造制止細胞之蛋白質製造機制（protein-making machinery）接觸基因並「讀取」（reading off）其密碼，當基因被開啟時，在DNA上具有多得多的開放構造，因此製造蛋白質的酵素就能滲透進去。基因能被開啟至不同程度，而且有許多不同種類的漸成基因改變存在，兩種最為人知的是對於 DNA 或組蛋白之化學改變，例如，如果甲基群加入DNA 會使其結構緊縮並讓基因不產生作用，然而乙醯群（acetyl groups）在組蛋白上會打開其構造，也就開啟了基因。

註① 資料來源：*The American Journal of Psychiatry*, vol 155, p 1163.

註② 資料來源：*Nature Neuroscience*, vol 12, p 342.

註③ 資料來源：*Journal of Clinical Endocrinology and Metabolism*, vol 90, p 4115.

註④ 資料來源：attention-deficit hyperactivity disorder, *American Journal of Epidemiology*, vol 170, p 1139.

註⑤ 資料來源：*Journal of Psychiatric Research*, vol 43, p 877.

註⑥　資料來源：*European Journal of Human Genetics*, vol 14, p 159.

註⑦　資料來源：*New Scientist*, 6 November 2010, p 8.

父母親的基因任務大不同

有史以來第一次發現，根據遺傳自母親還是父親，作過印記的基因顯示具有不同功能。

我們大部分基因係成對表現，每一個基因遺傳來自母親及父親，但是成對所謂「作過印記的基因」（imprinted genes）中只有一個是「開啟的」（switched on）。

然而，最近發現母親與父親作過印記的基因 *Grb10* 可能在身體的不同部位被打開，為分辨兩種基因，英國巴斯大學的安德魯·瓦德（Andrew Ward）與其同事剔除雄性小鼠的 *Grb10* 並讓牠們與正常雌鼠交配，科學家發現只遺傳到母親基因的後代在身體不同部位表現此基因，但不在大腦，該

小鼠胚胎

研究小組然後讓缺乏此基因的雌性小鼠與正常公鼠交配，結果發現牠們的後代只遺傳到父親的基因，而且基因只在大腦與脊髓表現。母親的 *Grb10* 已知會限制生長，為找出父親基因可能具有何種功能，該研究小組監測小鼠的互動情況，結果發現缺乏父親基因的小鼠舔吮牠們的伴侶如此多次，而使後者失去鬍鬚及皮毛。瓦德的研究小組下結論說，在大腦中存有父親基因可能產生作用來緩和小鼠此種「危險性」（risky）社會行為，這是第一次：一個作過印記的基因顯示出在身體不同部位具有不同功能，瓦德敘述說。

人類具有相同基因，因此有可能此情況正影響我們的社會行為，科學家如此解釋：最有趣的人類平行類比情況為「司－羅氏症候群」（Silover-Russell syndrome）。英國倫敦大學學院兒童健康研究所的基因學家古德倫·摩爾（Gudrun Moore）表示，罹患此種生長異常症的人，其中10%具有兩套母親染色體而沒有來自父親的染色體，摩爾進一步解釋：「這些病人並未被測試其明顯主導行為，然而他們的確說話遲頓，學習困難及智力低下。」

壓力影響祖孫三代

甲基化作用表示由於父母親的疏忽或吃入某種不良飲食，可能導致某人在兩代之後會產生憂鬱症或精神分裂症。

　　是否你的壞習慣代表你的小孩或甚至他們的小孩最終會得到精神異常疾病？這是一個以齧齒類動物進行研究產生的提示之一，認為不良飲食及親代疏忽會在你的小孩以及小孩的小孩基因上留下其標記。有一段神秘的「漸成基因密碼」（epigenetic code）加入小鼠 DNA，這是第一次顯示基因活性之改變能傳衍三代，而在人類似乎有相同機制同樣發生。「漸成基因作用」（epigenetics）管制細胞內基因的活性（基因被開啟或關閉），以及此情況何時發生（見圖），在身體內每一個細胞都含有相同 DNA，但是例如漸成基因設定在骨骼及血液的細胞上時，表示這兩種組織執行非常不同的功能，目前科學家正在研究極多環境因子引發漸成基因作用的結果，由暴露於藥物、化學物質及賀爾蒙、至嬰兒期時父母親不良照顧的衝擊，以及它們如同 DNA 一樣可遺傳之可能性。

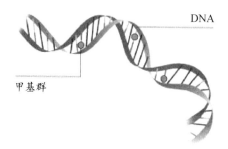

DNA

甲基群

酵素連接化學的稱為甲基群帽蓋至胞嘧啶（構成DNA的四個鹼基單元其中之一）。

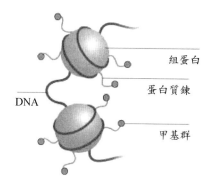

組蛋白

蛋白質鍊

DNA

甲基群

甲基及其他化學群也能加至在組蛋白上之蛋白質鍊，組蛋白為球狀蛋白質作為DNA的分子線軸。

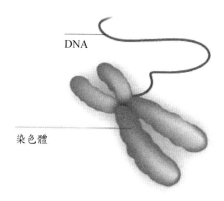

DNA

染色體

甲基化作用促進或減緩一個基因的活性，因此在發育的不同階段基因會被活化。

到目前為止，大部分漸成基因作用的研究集中於癌症，因為癌症細胞獨特之漸成基因標記可能讓牠們遠離健康組織，如今轉到精神疾病，最新結果於 2010 年 11 月在華盛頓在「美國人類基因學會」（American Society for Human Genetics, ASHG）的年會上提出。

對於精神疾病具有漸成基因遺傳性，其最令人感到興趣的證據來自一個近來的研究，雄性小鼠在出生後兩週暴露於壓力及缺乏母鼠照顧時出現憂鬱情況，瑞士蘇黎克大學的伊莎貝拉・曼殊（Isabelle Mansuy）與同事發現由這些小鼠生出兩代後的小鼠也變得憂鬱及焦慮，即使他們被母鼠正常照顧及細心養育。重要的是，憂鬱的雄性小鼠傳遞給他們的後代及孫代是在關鍵大腦基因上會產生作用的化學標記，同時在精子細胞上也是如此註①。根據古典遺傳學，此種情況應該不可能發生，因為在精子及卵細胞上的漸成基因標記被認為在受精作用前後已經同時被「抹除乾淨」（wiped clean），然後在新胚胎裏再重新設定，然而，曼殊的研究小組發現：在受壓力雄性小鼠的精子內，以及在牠們後代小鼠大腦及生殖細胞株（卵或精子）內的相關基因其甲基化作用過度或不足，曼殊如此解釋：「此情況提供證明在 DNA 甲基化作用的改變是可遺傳的。」英國倫敦精神疾病研究所的約納桑・米爾（Jonathan Mill）是少數幾個仍然未被說服的科學家之一，他表

示：「證據是顯示壓力能在齧齒類動物產生持久行為改變與在特殊基因位置上漸成基因改變有關，但是在下結論說明這些影響在性質上是純粹的漸成基因作用前，我們需要進行更多研究。」

漸成基因作用引起精神疾病的證據不斷增加，更甚的是，在生命中似乎有些關鍵時間點由於主要賀爾蒙的改變，漸成基因作用更可能破門而入：在子宮內、剛出生後、青春期及中年時，例如，當剛出生的大鼠被受到壓力及施虐待的母鼠養育時。美國阿拉巴馬大學的大衛·史威特（David Sweatt）與其同事發現不良照顧的行為只要持續一星期就足以啟動漸成基因改變，這些改變部分讓製造「大腦衍生神經營養因子」（brain derived neurotrophic factor, BDNF）的基因不活化，這種物質對於大鼠與人類之記憶形成及情緒平衡十分重要，史威特發現這些情況對於 BDNF 基因的漸成基因改變同時發生於施虐待的成鼠及牠們的後代註②，罹患精神分裂症與兩極性異常症的人具有 BDNF 的量也異常低下。相似地，加拿大馬基爾大學的麥可敏尼（Michael Meaney）與同事發現被受壓抑母鼠養育的剛出生小鼠影響*GAD1*，這種製造大腦神經傳導物 GABA 不可或缺的基因被抑制，此神經傳導物在管理情緒上非常重要，而罹患精神分裂症的人對此神經傳導物則製造得太少註③。

飲食似乎也產生部分作用，最有名的研究之一是將飲食與精神分裂症關聯上，研究追蹤懷孕的荷蘭女人，她們在第二次世界大戰終了時經歷長期飢荒，在美國人類基因學會年會中由美國哥倫比亞大學的伊茲拉‧蘇舍（Ezra Susser）報告這些研究之最新進展，結果顯示這些女人所生的女兒產生精神分裂症的危險是一般情況的兩倍，2009 年發表的一個研究發現了 *IGF2*（這是一個與胚胎生長有關的特殊基因）在這些婦女體內的甲基化作用不足。2009 年，米爾研究人死後的大腦則出現一個可能的解釋：*IGF2* 甲基化作用不足與大腦體積及重量較小有關，而此情況轉而會與精神分裂症具有關聯，與荷蘭飢荒的關聯性建議缺乏甲基化作用可簡單地歸咎於在懷孕時缺乏一種含多量甲基食物的飲食，如葉酸（folate），此時大腦正經歷關鍵性生長及發育。

　　然而好消息是目前可能有幾種方式來治療或甚至預防精神異常疾病，不只是因為在基因上的漸成基因標記可能反轉，這並非表示此方法簡單，而是顯露出抗精神疾病的藥物藉影響漸成基因模式對於如兩極性異常症的疾病實際有效，「麻煩的是這些藥物是『骯髒』（dirty）的，在於它們時常影響整個基因組並因此而具有副作用，」米爾如此解釋：「在特殊大腦部位針對某個特殊基因產生作用會是更加困難。」但也有更簡單的方法，

行為介入治療可能有效，澳洲南威爾斯大學的瑪格麗特‧摩瑞斯（Margaret Morris）與雅洋西‧曼尼耶姆（Jayanthi Maniam）最近的研究已經顯示：「令人舒坦」（fomfort）的食物及運動機會能反轉大鼠由於早期壓力引起漸成基因作用之異常情況註④。

漸成基因作用的研究目前是處於胚胎期，但是對於精神異常疾病具有發展新治療法的可能性，並可協助我們了解環境如何對我們基因產生的衝擊。「其能在我們DNA上已經根深蒂固的性質與可經由環境而改變之性質間提供一座橋樑來溝通，」米爾如此解釋：「一旦我們了解了『漸成基因組』（epigenome），則我們對於基因組的本身將瞭解更多。」

註①　資料來源：*Biological Psychiatry*, DOI: 10.1016/j.biopsych. 2010.05.036.

註②　資料來源：*Biological Psychiatry*, DOI:10. 1016/j.biopsych. 2008.11.028.

註③　資料來源：*The Journal of Neuroscience*, DOI: 10. 1523/jneurosci. 1039- 10.2010.

註④　資料來源：*Psychoneuroendocrinology*, DOI:10.1016/j.psyneuen. 2010.05.012.

印記作用的機制

在孟德爾遺傳律之下，對於所有你遺傳到的傑出性質，你會同樣感謝母親與父親。

　　但是長久以來某些質優的論文建議母親及父親的基因並未扮演真正相等的角色，如今在 2010 年 8 月發表的研究認為「非對稱性」（asymmetry）遠超過從前的假設，非對稱性係根據一種基因機制稱為「印記作用」（imprinting），可解釋在男性與女性大腦間某些差異，以及母親與父親對於後代社會行為造成的影響。一個人是由父母親各獲得一套基因，除了性染色體之外兩套相等，如果基因來自母親或父親在原則上應該沒有不同，但此情況並非總是對的，第一個徵象來自某些實驗，以工程方式製造小鼠胚胎攜帶兩套雄性基因組或兩套雌性基因組，這些雙重雄性及雙重雌性小鼠皆於死於子宮內，自然界顯然需要由每個親代提供一套基因組。後來生物學家混合入某些正常細胞使胚胎存活，令人驚奇的結果出現，攜帶兩套雄性基因組的小鼠身軀較大而大腦較小，雙重

雌性基因組小鼠則出現相反情況，顯然雄性基因組與雌性基因組對於大腦的大小具有相反作用。

　　非對稱性的根源是一種稱為「印記作用」（imprinting）的過程，在母親或父親的一個特殊基因被活化，最佳研究出的例子是有關一個基因稱為「類胰島素生長因子-2」（insulinlike growth factor-2）會促進胎兒的生長，*IGF-2* 基因在父親基因組內具有活性，但由母親接受到基因組的胎兒此基因被作過印記或不活化。對於印記作用的流行解釋是有關在親戚間引起衝突的一種理論，由美國哈佛大學演化生物學家大衛・海格（David Haig）發展出，該理論認為在胎兒間有利益衝突存在，目的是獲取儘可能多的營養，而母親的利益在於將資源平均地分配給所有她將來可能養育的其他小孩。經過演化過程此種衝突已經在基因層次被調控，海格博士的解釋行得通，因為母親與父親具有不同的利益，一般而論談到哺乳動物，雌性的雜交行為驅使產生衝突，母親要讓後代分享她的資源，而他們的父親可能不是同一個，然而父親只對他自己小孩的存活感興趣，因此父親總是以活化形式傳衍 *IFG-2* 基因，而母親總是以作過印記或關閉形式的基因遺傳，在小鼠、人類及許多其他哺乳類動物的基因都被作過印記。這看起來似乎十分奇怪，在胎兒體內具有基因拉扯的戰爭，帶有父親版本的 *IGF-2* 基因總是要

求更多，而母親版本完全拒絕要求，但是假設在演化的過程中個人攜帶這兩種爭戰版本的基因，則要比那些攜帶任何其他形式基因的人會留下更多後代。

　　直到 2010 年 8 月，已知只有一百個作過印記的基因，而其機制似乎只是孟德爾遺傳學一種有趣的變奏，由哈佛大學克里斯多佛・葛瑞格（Christopher Gregg）及凱塞琳・杜拉克（Catherine Dulac）領導的研究已經顯示印記作用要尋常得多而且比所猜想地更複雜。以小鼠作實驗，哈佛研究小組顯示大約有一千三百個基因被作過印記，杜拉克博士說她預期一種有實質（雖然較少）比例的基因在人類被作過印記（可能大約佔基因組的 1%），因為人類為一夫一妻制遠大過小鼠，因此父母親的利益更密切地參與。杜拉克博士能夠偵測如此多新的作過印記的基因是藉基因能如今能容易被解碼的優點，她交叉繁殖出兩種非常不同品系的小鼠，因此保證每個基因其父親及母親的版本具有可辨認出不同序列的 DNA。當一個基因被活化，細胞轉錄其成為 RNA（這是與 DNA 關係密切的化學物質），藉解碼小鼠細胞內所有 RNA 轉錄資料，杜拉克博士可挑出那些父親版本被轉錄多過母親版本的基因，反之亦然。除了發現比預期多得多的作過印記的基因，杜拉克博士研究小組也挑出未預期到基因被表現方式的模式，母親基因在胚胎大腦裏更活躍，但是

印記作用的機制

研究人員發現許多人類基因係非對稱性遺傳，一個親代關閉基因而其他親代
卻活化之，結果基因標籤之戰爭可能解釋為何某些基因在男人及女人大腦中
表現不同。

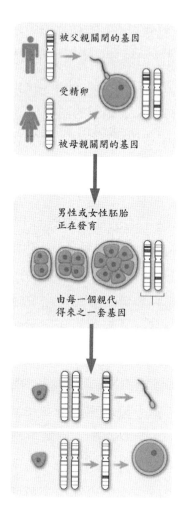

每個親代傳遞單一套 23
條染色體給小孩，一小
群基因被一個親代而非
另一個親代選擇性地關
閉，在遺傳機制稱為印
記作用。

胚胎接受兩套基因，每
一套攜帶母親或父親印
記作用的小型化學標
記，發育中的胚胎同時
利用兩個基因組來建構
自己的身體

卵或精子是由特殊生殖
細胞（胚胎另外設定在
生命後期使用）製造，
在這些細胞中的印記作
用被首先抹除，然後再
應用來符合胚胎的性
別。

父親基因在成年時變得更活躍。

　　在另一個新模式中，她發現在大腦不同部位作過印記的基因有差異存在，特別是那些有關進食及交配行為的基因，在兩個大腦重要部位有一個稱為「介白質-18」（interleukin-18）的基因來自母親的版本被活化，此種非對稱性十分有趣，因為在人類此基因已經與多重硬化症有關，是主要發生於女性的一種疾病。杜拉克博士總共發現三百四十七個基因不論是母親版本或父親版本在大腦某些部位更活躍表現，大腦之性別差異通常受到賀爾蒙影響，但是基於性別差異之印記作可能是另一種機制藉其自然突出具相同基因組的雄性及雌性大腦。「在你的大腦，你的母親與你的父親不斷告訴你何事該做，當我想到此時笑個不停。」杜拉克博士表示。在大腦皮質，杜拉克博士發現另一個未預期到的非對稱性，女人具有兩個 X 染色體，一個來自母親而一個來自父親，通常的規則是在每一個細胞中不論母親或父親的基因版本隨機選擇被關閉，但是在大腦皮質的神經元，父親有大得多的機會其 X 染色體被關閉，杜拉克博士如此解釋：「因此再度顯示，這是母親與父親間的衝突，每一個人嘗試使用不同染色體來影響你。」

　　海格博士表示他的印記作用理論不只解釋在母親與胎兒間戰爭的拉扯，也解釋為何在大腦中有許多作過印

記的基因存在，所有都與母親家族與父親家族間的不同利益有關，此情況朝不同方向拉扯個人，親戚捲入爭論是因為他們分享個人不同比例的基因。「演化適應」（evolutionary fitness）係依賴將第一個人的基因傳衍給下一代，但是也解釋相同基因同時遺傳給某人的兄弟姊妹、伯伯叔叔及姑姑阿姨等人，此學理稱為「總括適應性」（inclusive fitness），由生物學家威廉・漢米爾頓（William Hamilton）在 1960 年代提出並被廣泛接受，然而不是沒有受到批評，2010 年 8 月在《自然》期刊曾經被哈佛大學的生物學家威爾森（E. O. Wilson）及兩位同事挑戰。在總括適應性下，海格博士已經指出，在母親與父親親戚間的利益衝突會因為男人與女人不同的配置模式而提升，最常發生的情況是女人離開她祖先的村落並去與他丈夫的家族一起生活。母親基因會突出而有收穫，如果女人盡可能地自私而且只集中照顧她與她小孩的福祉，但是由於父親與村落中其他每個人都有關係，父親的基因由於利他的行為而有所得，以海格的觀點看，此種衝突將產生作過印記的基因，就像是在母親與胎兒間對於母親的資源發生戰爭。

兩位演化生物學家，美國田納西大學的法蘭西斯哥・烏貝達（Francisco Ubeda）及英國牛津大學的安迪・葛德勒（Andy Gardner），已經導出一個數學模式評估女人

生活於她丈夫村落的結果，而眾人與她個人間皆無親戚關係。他們在目前這期《演化》（*Evolution*）期刊中的一篇論文表示，「自然選擇」（natural selection）將在利他的行為之下有利於活化父親基因以及活化促進自私行為的母親基因，葛德勒博士在一篇訪談中如此表示：「你父親的基因比你母親的基因所為要你對你的鄰居更好。」大部分人在某些合理的平衡情況下運作利他及自私的動機，但是作過印記的基因具有一個嚴重的弱點：由於它們被關閉，則另一個版本基因的突變會產生大災難，像是自閉症等疾病可能與作過印記的基因被干擾有關，葛德勒博士解釋說。如果海格博士的解釋是對的，印記作用要遠超過只是基因之好奇性而已，在性別差異及精神疾病上可能扮演一個中心角色，許多現有的證據來自小鼠，而人們可能在某些程度上由印記作用解放他們自己，當他們在大約一百萬年前演化出交配之成對結合系統，但是成對結合並不表示完美的一夫一妻制，而在其與完美的偏離間就有許多空間讓印記作用茁壯。

認識精神健康

精神異常症如憂鬱症或精神分裂症是我們所面對的最大健康問題之一。

　　當心臟異常，則其跳動不規律或停止，骨骼會碎裂或折斷，但是當我們大腦裏複雜的神經元網路功能失常時，結果會產生幾乎無盡多樣及組合之精神疾病。有時人感到傷心、快樂、困惑、易忘或恐懼是正常的，但是當一個人的情緒、思想或行為時常造成自身困擾，或干擾到平日生活時，就有可能受苦於精神疾病，依據世界衛生組織調查，全世界大約有四億五千萬人在任何時候受到精神、神經或行為問題的影響。然而，決定某人是否罹患精神疾病，

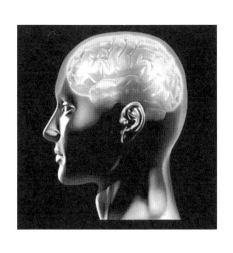

以及哪種疾病，是精神疾病學家面臨的挑戰之一，將這些疾病分類的書是「精神疾病學家的聖經」（psychiatrists' bible），稱為《精神疾病診斷及統計手冊》（*Diagnostic and Statistical Manual of Mental Disorders*，最新版本幾乎有一千頁並列出超過四百種異常疾病）。

異常疾病分歧多樣

最知名及最常見的精神疾病是憂鬱症，這是一種長期性、使人衰弱悲傷，有時伴隨一種無望及自殺思想的感覺，受季節影響的異常疾病是一種憂鬱症，在秋天及冬日影響某些人，受到白日縮短及低溫所誘發，在「兩極性異常症」（bipolar disorder），一個人在憂鬱及狂躁情緒中擺盪，狂躁時他們感覺欣快、精力充沛及對自身能力有不切實際的信心。「人格異常症」（personality disorders），是某些行為模式摧毀他們自己或周邊的人。在「解離異常症」（dissociative disorders），是某人突然經歷意識或自我觀念的改變，例如在「解離性健忘症」（dissociative amnesia），結果是失去他們部分或所有的記憶，參孫（Samson）是聖經裏的大力士，他可能罹患最早有紀錄的「反社會人格異常症」（antisocial personality disorder）病例。

「焦慮異常症」（anxiety disorders）的特性是強力感

覺到壓力及恐懼的生理徵候，如流汗、心臟快速跳動，是由於某些環境中之因素，或完全沒有明顯理由引起，這些精神疾病包括：「創傷後壓力症候群」（post-traumatic stress disorder）、「恐慌症」（panic disorder）、「強迫異常症」（obsessive compulsive disorder）、「憤怒異常症」（anger disorders）、「臆想症」（hypochondria）、「社會恐懼症」（social phobia），以及其他恐懼症，包括：「空間恐懼症」（agoraphobia），指對開闊空間、「幽閉恐懼症」（claustrophobia），指對狹窄空間、「懼高症」（acrophobia），指對高度、及蜘蛛恐懼症（arachnophobia），指對蜘蛛而言。

巨大代價

「飲食異常症」（eating disorders）包括對於食物的一種不健康關係，一位罹患「神經性厭食症」（anorexia nervosa）的病人，會為了讓身體變瘦而奮鬥至餓死的邊緣，由於對自己的身體具扭曲的知覺以及不滿意他們對於控制的感覺。罹患「貪食癖」（bulimia）的人將自己陷入狼吞虎嚥的循環，然後藉由嘔吐或使用瀉藥清除吃入的食物。「肌肉變形症」（muscle dysmorphia）有時認為是厭食症的一種相反型態，影響進行健美運動的人，罹病的人一直擔心自己太瘦小，不論他們的肌肉其實已

經達到極端強狀。「注意力缺乏高度活性異常症」（attention-deficit hyperactivity disorder）是在兒童間診斷出最常見之一種精神異常症，影響他們注意力集中的能力，同時與高度活動性及衝動相關。

精神疾病十分普遍，每年多達五人中有一人被認為罹患精神疾病，至少暫時是如此，自殺，時常是精神疾病未加治療的結果，每年全世界宣稱有八十七萬三千人自殺，這些疾病造成之經濟損失也非常巨大並持續增加，依據世界衛生組織報告，至 2030 年時，憂鬱症預期可解釋失去更多年歲的健康生命並超過任何其他疾病，除了愛滋病毒／愛滋病以外。即使如此，精神疾病面對的是污名化及歧視，研究發現人們不情願承認他們罹患精神疾病、尋求幫助或持續接受治療，其他人急著反對精神疾病的標籤，例如，某些人罹患自閉症，特性為難以溝通或融入社會，堅持此情況不是一種須要治療的異常疾病，而只有部分正常人具有「神經分歧性」（neurodiversity）。

背後原因

由歷史上看，精神疾病的某些症狀，例如反覆無常的行為以及聽見聲音等，已經被採用做為與天堂交往或魔鬼糾纏的證據，最近，大腦掃瞄將這些情況與「神經

傳導物」（經過神經元傳遞訊息的化學物質）量的改變，或與在大腦不同部位中神經元數目或構造的改變間直接產生關聯，例如，罹患憂鬱症的人時常呈現低量的神經傳導物「血清素」（serotonin）。在某些病例中，功能失調的直接原因已經被鑑定出，如「阿茲海默氏症」（Alzheimer's disease），在老年人罹患癡呆症及記憶喪失的主要原因，是由蛋白質斑塊堆積抑制大腦中的神經元引起。

　　某些傳染病也會發展成為精神疾病，未加以治療的愛滋病毒感染會引起痴呆症，微生物複製如未受控制也會引起梅毒，引起萊姆症的細菌「螺旋體」（*Borrelia burgdorferi*）、「鮑那氏病病毒」（Borna disease virus）及產生瘧疾的「毒漿體寄生蟲」（Toxoplasma parasite），也都被認為會引發許多種精神疾病。

　　許多病例的真正原因並不清楚，而專家懷疑包涵許多不同因素，一個顯著的例子是「精神分裂症」（schizophrenia），與「精神變態」（psychosis）不同，這是一種對於真實性的扭曲觀點，可能包括「幻覺」（hallucinations）、聽到聲音，「妄想」（delusions）及「偏執」（paranoia），同卵雙胞胎同時發作精神分裂症的機會要遠高於異卵雙胞胎或兄弟姊妹，認為是遺傳基因的強大功能造成，但是科學家持續累積不斷增加使人容易罹患

此疾病的其他危險因子表列，包括出生前暴露於飢荒狀況、某些傳染病或暴露於鉛，出生時的季節似乎也很重要（出生於冬天或早春都會增加危險），又如父親年齡較老以及兒童受到虐待（眾說紛紜）等。

基因也被認為會影響許多其他精神健康問題，包括：「神經性厭食症」（anorexia）、「自閉症」（autism）、「阿茲海默氏症」（Alzheimer's disease）及「兩極性異常症」（bipolar disorder）。某些其他因素已經與精神疾病有關，包括子宮內環境、暴露於 X 光射線、被拘禁於拘留中心以及具有過度反應的免疫系統。某些研究人員相信抽煙及服用經改造過的藥物像是迷幻藥 LSD、「快樂丸」（ecstasy）及「大麻」（cannabis），可能提升使用者產生精神疾病的危險，包括精神分裂症（雖然難以評估是否藥物使用是一種原因或作用），然而小心使用LSD 及快樂丸甚至可能協助治療精神疾病的問題。

精神疾病的治療方法

治療精神疾病能採用許多形式，在「精神療法」（psychotherapy）中，病人被鼓勵要認識他們的問題，了解何事可能引發不想要的行為，並研擬出對付的策略。也有許多醫療方法可治療某些最嚴重的症狀，穩定情緒的藥物係針對兩極性異常症的中度躁症，並也可能減少

憂鬱症的再度發作，抗精神變態藥物能減少精神分裂症扭曲真實的症狀，抗憂鬱劑包括藥物像「百憂解」（Prozac），已知為「選擇性血清素再吸收抑制劑」（selective serotonin reuptake inhibitors, SSRIs），會減緩在大腦中血清素之吸收，因此增加此神經傳導物的量。然而，最近某些專家認為目前有急切需要用藥物來治療每一種異常症，並質疑許多藥物的有效性，目前有關使用這些藥物也有爭論，例如以「利他能」（Ritalin）或「安非他命」（amphetamines）來治療兒童。

其他較非主流的精神健康問題治療方法，包括以「磁脈衝」（magnetic pulses）刺激大腦、「電痙攣治療法」（electroconvulsive therapy）、「深部大腦電極刺激法」（deep brain electrode stimulation）、居留於印度廟宇及利用「虛擬實境」（virtual reality）來治療精神分裂症及「恐懼症」（phobias），某些專家爭論對於憂鬱症的不同治療法是分享一種共同機制，即促進神經元生長。

瘋狂的創造力

瘋子長久以來與天才相依為命，許多著名藝術家、作家及科學家受苦於精神異常症，導致有些人感到困惑是否在這些疾病與創造力間具有關聯，數學家那許（John Nash）當他發展獲得諾貝爾獎的數學理論時而罹患精神

分裂症，畫家梵谷（vencent Van Gogh）、作曲家舒曼（robert Schumann）及作家杜斯妥也夫斯基（Fyodor Dos-teovsky）等人都被傳說罹患某些精神異常疾病，包括「高度描記症」（hypergraphia），這是一種強迫書寫行為，這種徵候或許是他們的藝術出自想要與人溝通的一種毫不鬆懈之急迫感，有一種可能性是基因預定使人們持續產生此種傷害性疾病，因為當症狀以溫和的形式存在時，此種高度創造力給予人們某種演化上的優勢。

問題人格的根源

科學家透過大腦觀察具有邊緣性人格異常症的人，並發現此令人失能疾病根源的結論。

在電影《致命的吸引力》中葛蘭・克蘿絲（Glenn Close）讓人無法遺忘的生動演技給予觀眾貼近觀察一種稱為「邊緣性人格異常症」（borderline personality disorder, BPD）的傷害性精神疾病，此種疾病可解釋高達 10%的病人處於精神疾病照顧之下，而其中20%的人必須住院，

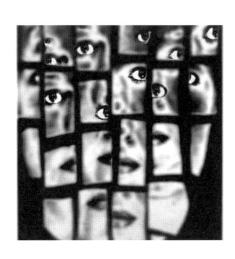

界定此疾病的特徵為在病人生命中普遍呈現不穩定情況，特別是與其他人的關係上，罹患邊緣性人格異常症的人也難以控制他們的衝動及管理他們的情緒，他們的行為不只對他們自己

也對朋友及同事造成巨大的傷害，同樣健康照顧系統也受害。

不論此種異常疾病的重要性，我們對其有關其可能作用的大腦機制所知卻驚人地少，然而在過去幾年，科學家已經發現某些有趣的提示，例如構造影像研究已經指出大腦邊緣系統管理情緒不同層面的某些部位，在罹患邊緣性人格異常症的病人中體積異常地小，而控制負面情緒的部位其體積似乎減小最多，功能性異常的研究顯示這些相同的邊緣部位（包括杏仁體）趨向高度活化，某些研究人員的理論表示邊緣構造體積較小反應出失去抑制性神經元，這可能表示這些病人的大腦對於行為及負面情緒具有較弱的駕馭能力，導致衝動及對事件產生過度負面反應。

在 2008 年《科學》期刊發表的論文中，美國貝勒醫學院的布魯克斯・金－卡沙斯（Brooks King-Casas）與其同事表示除了缺乏情緒控制之外，罹患邊緣性人格異常症的在人正確體會其他人的社會態度上產生問題，此外，該研究小組已經闡明一個額外的大腦構造在疾病中扮演重要角色。研究人員採用一種創新遊戲理論的方法來探測此異常症受到干擾之人際溝通特性的根源，此技術包括使用互動式競賽以洞察人類社會行為及作決定的情況，也有希望來研究其他類型的社會互動及個人間之病理狀況。

投資信任

在金－卡沙斯的研究中，玩一個兩人交換金錢超過十次的遊戲，每兩個人中包括一位投資者，他決定投資的金錢數量（已知道投資所得將獲利三倍），另外一位是管理者，他接受所得總數並可決定留下多少錢及退還多少錢，如果投資者選擇增加十元，管理者則有三十元（$10×3）可分給自己及投資者，在此實驗中，有兩位精神健康的個人間產生某些交易；在其他交易，管理者（但非投資者）罹患邊緣性人格異常症。

雖然此遊戲乍看之下只是有關金錢而已，實際上卻是探索合作的性質及信任的發展，以上兩種情況同時需要同事行為所暗示社會訊息的感覺及反應，因此，一位對社會敏感的管理者體認出慷慨大方的行為會建立信任感，並且也將獲得回報，因為投資者會對未來的收益反應而增加投資，此等合作產生相互的利益要遠大於如果投資者只掌握大部分錢給自己，否則，投資者不信任其他伙伴就不會投入許多金錢，結果這兩個人都沒獲得好處。

在早期，金融提供者提供同樣多的金錢，但是在後來的交易中，投資者對於罹患邊緣性人格異常症管理者提供的金錢要遠比對精神健康管理者少，此情況指出如果伙伴罹患邊緣性人格異常症時，在交易中兩者間的信

任及合作就會被破壞，雖然即使在正常關係中信任也可能出現裂痕，但是精神健康的管理者會經由「誘哄」策略（coaxing）而恢復彼此的信任感，在此他們以慷慨的回報鼓勵小心翼翼的投資者，這是一種信賴的象徵，而健康參與者使用此種策略的次數是邊緣性人格異常症患者的兩倍，顯示具有此種異常症的人缺乏對於建立及維持合作關係極為重要的社交技巧。

自我中心的大腦

為找出為何罹患邊緣性人格異常症的參與者表現此種行為，研究人員使用「神經造影技術」（neuroimaging）來研究管理者面對小型投資時大腦的活化作用，這通常顯現在投資者方面缺乏信任，在罹患邊緣性人格異常症管理者及健康參與者間，使用功能性磁共振影像掃瞄儀掃瞄大腦時出現一個重要差異，在健康人，大腦中一個稱為「前島」（anterior insula）的部位在神經上似乎代表投資數量，因此由同夥的小型投資相當於管理者大腦的大型活化作用，反之亦然，然而在邊緣性人格異常症患者的大腦裏卻沒有此種關係存在。

如早先之研究所預期，在此相同大腦部位的活性也鏡射反應出管理者將要回轉給投資者的金錢數量，因此在管理者大腦中大量的前島活化作用預測管理者之少量

償付行為，然而在此案例，邊緣性人格異常症參與者及健康自願者同時顯現相同的神經活化模式，因此，雖然在健康者其前島預定同時表現投資者金錢提供之「不信任」及「吝嗇」之再償付行為，而在邊緣性人格異常症患者之前島活性卻只反應他們本身的活動，他們對投資者減少支持似乎是由於只選擇性地關切其他伙伴的現況。

基因根源

此種令人興奮的發現促發許多新問題，首先是：何者引起此種異常之大腦活性？大部分研究指出邊緣性人格異常症通常由基因預定並結合兒童早期發生嚴重創傷引起，並非每一個人在兒童期受到創傷都會罹患邊緣性人格異常症，但是結合上危險基因就可能提升創傷對發育中大腦的衝擊。

雖然還沒人鑑定出引起邊緣性人格異常症的特殊基因，但許多疾病的人格組成（包括衝動與侵略性）都具有高度遺傳性，更甚的是，研究人員已經將此疾病關聯至基因變異，例如與血清素之神經傳導有關，然而依據最近的研究，「選擇性血清素抑制劑」（selective serotonin reuptake inhibitors）如「百憂解」（Prozac）卻無法有效治療邊緣性人格異常症，是否這些基因變異危及前島之構造及功能？這將令人有高度興趣來確定，因為大腦部

位無法孤立運作，神經科學家必須針對大腦神經網路進行完整定性的工作，而前島則是其中一部分。

在邊緣性人格異常症之外，科學家對於其他嚴重精神疾病也可能要應用本研究所利用遊戲理論的策略，例如精神分裂症或自閉症，在其中社會功能失調扮演一個樞紐角色，研究人員、病人及治療人員一定都歡迎此種進展。

前島長久以來與代表身體不愉快的感覺有關，例如疼痛，此外，許多研究已經顯示此部位對令人不舒服的社會接觸會產生強烈反應，包括似乎不公平、受挫或危險性的互動，此種功能建議前島會探知有關其他人意圖及行為的資訊，並賦予它們不舒服的感覺，如果此種解釋正確的話，那麼一位邊緣性人格異常症的患者可能無法維持合作的原因是在於他們不具有「深刻感覺」（gut feeling）（由前島訊息產生），這就產生了人與人間關係出現問題，無法偵測信任崩潰的情況，邊緣性人格異常症患者不會去修補問題，並且不太可能完全信任其他人。

關鍵觀念

‧說明受到精神疾病照顧的病人中有高達 10%係罹患「邊緣性人格異常症」，而其中20%的病人必須住院，病人受苦於不穩定的人際關係，同時沒有能力控制他們

的脾氣及管理他們的情緒。

　　·邊緣性人格異常症患者掌控情緒的大腦邊緣系統部份其體積異常縮小，而且病人表現過動行為，根據這些發現的解釋之一為：邊緣性人格異常症病人失去「抑制性神經元」（inhibitory neurons），可能造成他們對事件同時表現衝動及過度負面的反應。

　　·新研究建議罹患邊緣性人格異常症的個人也具有正確體會社會姿態的難題，稱為「前島」（anterior in-sula）的大腦構造在此異常症中扮演一個關鍵角色。

邊緣性人格的激情

罹患邊緣性人格異常症的人遭受情緒極端情況，這會撕裂他們的生活。

　　2006 年時二十七歲的亞曼達王（Amanda Wang）與一位親近的朋友共享排演晚餐，在當晚開始時，她感覺滿足，急著享受婚禮喜慶，但是當她坐下進餐不久，卻被一種負面情緒的浪潮波湧打擊，她想到自己的婚姻時思想開始紊亂衝突，這個婚姻不穩定並感覺自我嫌惡，突然亞曼達表示這像是某人拿一塊厚重的布蓋住她，使她窒息並由交談中抽離，由於被焦慮及恐懼淹沒，她道歉後離開桌子並逃至洗手間，絕望使她頭

腦駑鈍，於是取下腰帶將其纏繞在脖子上並拉緊使自己無法呼吸，她作此動作已經有好幾次，直到疼痛讓她由情緒中感覺某種緩解，大約十分鐘後，她回到桌子感覺好多了。在此時，亞曼達感覺她是世界上唯一與此種極端情緒擺盪作戰的人（在一個時刻心滿意足，而在下一時刻卻幾乎要去自殺），藉傷害自己想克服這些情緒，「自我傷害是我對自己所做讓我停止感覺發瘋的一件事，停止所有在我大腦裏的爭論、危機與焦慮。」她如此形容。但是危機持續返回，只三個月後，她掙扎激動要自殺，結果進入紐約潘維尼診所（Payne Whitney Clinic）檢查，那裏有一位伶俐的社會工作人員研究醫生所寫的提示，並讀取與亞曼達的朋友及家人之訪談紀錄，然後告訴她診斷結果，亞曼達相信挽救了她的性命：「邊緣性人格異常症」（borderline personality disorder, BPD），亞曼達與其他罹患邊緣性人格異常症的病人受苦於在情緒、人際關係及行為上普遍的不穩定性，部分由於對付他們內在混亂的方式，邊緣性人格異常症患者可能會衝動地辭去工作、突然與人關係破裂，或像亞曼達突然要去自殺。

因為那些衝突呈現出症狀的乖離與多變，即使受過訓練的精神健康專業人員也會漏失診斷或將這類行為歸咎於其他原因，甚至使診斷更加弔詭的是邊緣性人格異

常症患者時常也受苦於其他精神疾病的問題，例如憂鬱症、兩極性異常症、毒品濫用及飲食異常症。且不論此等複雜性，專家鑑定出高達一千四百萬個美國人罹患邊緣性人格異常症，超過受到兩極性異常症或精神分裂症影響的人，其受苦者是介於最可能傷害自己的人並會去自殺；大約有 10%的病人殺死自己，罹患邊緣性人格異常症的個人也會成群地立即去看醫生而超過其他精神疾病病患，佔據了滿滿五分之一精神疾病的病床，因此形成一個主要的公共健康問題。在過去科學家及許多臨床醫生看過邊緣性人格異常症更大膽奇異的症狀（例如爆發怒氣或試著傷害自己），作出有意的動作來操弄其他人或吸引注意力，但是最近幾年生物學家已經更深入地看待邊緣性人格異常症其心理學及神經學的原因，並且已經畫出一種完全不同的疾病圖像，邊緣性人格異常症病患並不選擇他們所做出的動作方式；他們被某些無意識過程的結合衝擊，例如有一種不尋常的傾向挑剔其他人臉部的微妙表情，伴隨高度的情緒反應，此外，在邊緣性人格異常症病患，其協助指引人們友好地對應社交場合的大腦部位似乎功能失調，這種障礙可能添加人際關係的不安全感。這些發現建立邊緣性人格異常症是大腦疾病的憑證，研究也引起更多有效治療方法的靈感，依據知覺性及情緒性支撐此異常症，如今對於邊緣性人

格異常症的心理治療可讓病人克服長期被視為是終身監禁的疾病，「這是長期以來每一個人都認為是無法治療的一種異常症，」哈佛大學醫學院與麥克林醫院的精神病學家約翰‧岡德森（John Gunderson）表示：「今日我們的研究顯示當治療適當時，邊緣性人格異常症實際上是一種預後良好的診斷。」

被污名化的疾病

在 1930 年代，美國心理分析學家亞道夫‧史登（Adolf Stern）第一次提出「邊緣」（borderline）此名詞來描述病人並未完全精神變態（經歷與真實的一種完全分裂情況），但是在社交場合情緒脆弱及不理性地敏感，在後來二十年，臨床醫生持續遇見病人具有類似困難，將他們集中歸於以下名稱例如「邊緣性症候群」（borderline syndrome）及「邊緣性人格組織」（borderline personality organization），不論其重複使用，「邊緣性」標示仍然讓人迷惑，被許多人認為是對於罹患嚴重症狀的人一種廢紙簍式的診斷，他們不符合任何清晰的診斷分類。在 1960 年代，岡德森作為一位年輕的住院醫生，描述這群多少是折衷的病人，尋找較清楚之界定何事使其生病，部分原因是由一種挑戰驅使，治療一群他許多同事認定沒有希望及激動的病人，這些病人在他們的人際關係上是如

此異常敏感，他們時常突然終止治療，對於可知覺的輕視、遺棄或背叛，向醫生爆發怒氣，甚至控告他們（或威脅他們），而在同時，他們會時常表現迷人、活潑且有趣，此種「傑克與海德的性質」（Jekyll and Hyde nature）讓岡德森感到興趣，他的邊緣性人格異常症病人名冊持續增加，在 1975 年他與美國柏克萊加州大學的心理學家瑪格麗特‧辛格（Margaret Singer）發表一篇學術討論論文列出九種界定邊緣性人格異常症症狀的大綱，在 1980 年，邊緣性人格異常症變成一種真實的精神疾病診斷，獲得編入第三版《精神異常症診斷及統計手冊》（*Diagnostic and Statistical Manual of Mental Disorders*, DSM-III）中。

邊緣性人格異常症病患通常受苦於三種核心困難：情緒不穩定、衝動行為及受干擾之人際關係，罹患邊緣性人格異常症的人情緒風暴並非只是強烈而已，而是時常發生，此種忽上忽下的原因對於他人並非總是明顯，或異常症病人本身容易解釋，有時一種可察覺之輕視（像是小如提高眉毛）就能啟動一種情緒出血行為：恐懼及孤獨，或許憤怒及焦慮，一般人可能要小心他們會過度反應，但是情緒對他們而言是太強烈而無法控制。美國衛爾康乃爾醫學院的精神病學家法蘭克‧耶歐曼（Frank Yeomans）說他曾經在約會只遲到幾分鐘，結果一位病人

在他的辦公室外發飆，指控他仇恨及忽視病人，有一次一位男病人與耶歐曼分享一個感人的故事，有關他被一個窮困的家庭所撫養，耶歐曼回憶當時被感動得掉下眼淚，但是這個病人對他的同情反應卻是：「你在嘲弄我。」為安撫他們自己，這類病人時常衝動行事、作出倉促決定並沈迷於以下行為，例如物質濫用、大吃大喝、衝動購物，或更困惱的是自我傷害，深思熟慮的自我傷害似乎能減輕情緒的痛苦，部分是由於身體疼痛分了心，並且或許經由釋放天然止痛劑嗎啡造成。

　　邊緣性人格異常症與兩極性異常症共享某些特徵而時常被誤認，但是不像兩極性異常症，邊緣性人格異常症不會導致高亢與低落的長期循環，相反地會引起更迅速的情緒擺盪，不到二十四小時，罹患邊緣性人格異常症的人會經驗到欣快、自殺性憂鬱症及兩者間的每一種症狀，邊緣性人格異常症也有一種具干擾性但迷人的雙重性質的特徵：當人們罹患邊緣性人格異常症時並未經歷到窮兇惡極的症狀，時常顯現高度功能性，「你會在某種社會情況下遇到一位邊緣性人格異常症病患並未些微顯示有主要精神異常症，」美國貝勒醫學院精神病學家葛藍‧嘎巴（Glen O. Gabbard）說：「而卻在第二天相同病人可能發生自殺危機而出現在急診室中並須要住院。」在二十世紀大部分時間中，當時想法認為人格異

常症是生命經驗的結果，對於邊緣性人格異常症而言，心情不愉快的經驗被認為是早期兒童創傷，但是雖然罹患邊緣性人格異常症的人時常遭受創傷事件（40 至 71%的住院病人報告兒童期遭受性虐待），兒童期創傷會對精神變態產生分歧之影響，經由虐待之觀點來研究邊緣性人格異常症未能幫助心理學家處理此種異常症，但是在 1990 年代研究人員尋求把握病人心理異常之核心，藉直接研究病人及窺視他們大腦的內部。

情緒超載

特別地，科學家要更加了解邊緣性人格異常症的三種標記：情緒不穩定、衝動侵略性及人際關係間混亂。為何邊緣性人格異常症患者比健康人具有如此多更情緒性突發？而當他們感覺心煩意亂時，為何他們如此衝動地表現？在 2006 年那時在美國杜克大學的心理學家湯瑪斯・林區（Thomas R. Lynch）與其同事在讀取臉部表情時發現一個結論，研究人員詢問二十位罹患邊緣性人格異常症的成年人及二十位精神健康的人，來觀察一個電腦產生由中性變成情緒性的臉部表情，在他們鑑定出情緒之瞬間告訴停止改變中之影像，平均而言，邊緣性人格異常症患者比其他參與者要在早得多的階段正確同時認出不愉快表情及快樂臉孔，此結果建議邊緣性人格異

常症患者高度感覺到即使是臉孔微妙的情緒變化性（這是對其他人情緒有強烈反應之人的問題），因此，例如在一個人的臉上出現無聊或煩惱的徵象時大部分人都不會注意到，但是在邊緣性人格異常症病患卻可能產生自暴自棄式的憤怒或恐懼之情，相反地，某位邊緣性人格異常症患者可能視一種快樂表情為愛情徵象並以不適當之激情來反應，導致產生激烈的感情，而風暴式愛戀之情卻衝擊邊緣性人格異常症患者的生活。

最近一個大腦造影研究解釋為何這些病人是如此社會性敏感及情緒性，在 2009 年，美國西奈山醫學院精神病學家哈羅・寇尼斯伯格（Harold W. Koenigsberg）與其同事在使用功能性磁共振影像掃瞄儀記錄十九位邊緣性人格異常症患者及十七位精神健康人之大腦活性，作為對象檢視人們哭泣、微笑、暴力動作及做出性感姿勢的照片，研究人員發現不愉快之影像（例如一個男人抓住一個女人的脖子，或一個女人在哭泣）與那些健康自願者比較，邊緣性人格異常症患者在大腦幾個部位激發大得多的活性，這些部位包括與基本視覺處理及「杏仁體」（amygdala）有關（此構造操控情緒反應及記憶），以及「上顳葉回」（superior temporal gyrus），此構造與較快速、「反射性」處理社會情況有關，這種活性模式建議邊緣性人格異常症患者對於不同意之影像及場景可能產

生不只更強烈而且更迅速的反應，或許提供較少時間對它們作出合理反應，或轉移注意力至其他場合。在第二個研究，寇尼斯伯格小組要求邊緣性人格異常症病患及健康人當他們觀看一系列充滿情緒的照片時企圖隔離自己，在此情況，研究人員見到邊緣性人格異常症病患大腦幾個部位真正沒有活性，例如控制情緒的「前帶皮質」（anterior cingulate cortex），而協助指揮視覺注意力的部位例如「頂葉內溝」（intraparietal sulcus）也反應低下，該研究建議邊緣性人格異常症患者對他們情緒反應具有較弱的神經抑制作用，及由啟動情緒事件中抽離她們自己的能力受到阻礙。

更加上一個 2008 年由美國貝勒醫學院神經科學家布魯克‧金－卡沙斯（Brooks R. King-Casas）主持的研究，顯示邊緣性人格異常症患者缺乏大腦活性，在大部分人用以解釋社會姿態（例如表示信任），研究人員測試邊緣性人格異常症患者解釋同伴動作的能力（在此案例，指他投資的金錢數量），在一個投資遊戲中作為有無信任之徵象，這是邊緣性人格異常症患者難以做到的事，科學家發現一個大腦部位稱為「前島」（anterior insula，對健康參與者投資數量起反應），在邊緣性人格異常症患者對此數量沒有反應，島的構造原始監測與其他人間令人不適之交互作用，例如那些基於偏離信任及其他社

會正常行為的事件，但是邊緣性人格異常症病患在他們的大腦中似乎缺乏此種量表，導致他們難以感覺到其他人的行為造成之信任破裂，結果，病患可能無法感覺到他們能信任其他人，因此，雖然邊緣性人格異常症病患可能對微妙臉部表情高度敏感，但是當他們對於真正社會合作徵象的感覺卻受到阻礙，這就是邊緣性人格異常症患者可能對於較不可信賴之社會事件敏感。

練習控制

　　這些發現及類似結果已經建立一種治療案例，使病人警覺他們見到的世界是經由情緒顯微鏡得來，及拓廣並調和他們對生命的願景，雖然有幾種不同的精神治療法技術能協助病患馴服他們對於社會事件的情緒反應，最廣泛使用之一（也是最成功治療邊緣性人格異常症急性症狀的方法）是「辯證行為治療法」（dialectical behavior therapy, DBT），由美國華盛頓大學心理學家瑪莎・琳翰（Marsha M. Linehan）所研發，辯證行為治療法是一種新奇形式的「認知行為治療法」（cognitive-behavior therapy, CBT），特別設計來治療邊緣性人格異常症，結合認知行為治療法之中心教義，在其諮商師教導病人偵測並打擊扭曲之思想模式（認知部分），並對付問題行為及相關情緒，此外，辯證行為治療法結合佛教靜思冥想實

際運作之元素來幫助病人維持平靜的感覺。治療人員首先誘使病人知道他們在控制情緒上有問題，然後建議某些方式預防這些感覺變成被潮湧淹沒並啟動了不適當或衝動之行為，一個核心策略是「心靈滿足」（mind-ful-ness），這是無需通過判斷而活在當下的能力，治療人員教導病人集中注意力於他們目前所處的物理環境，譬如，房間顏色、小河的涓滴細流或甚至他們自己的呼吸，將他們的心靈由騷動之內在思想移開。辯證行為治療法另一個關鍵成分是使用自我安慰技術處理情緒擺盪，這些方法包括練習深呼吸、散步、聽音樂與享受一頓好餐，治療人員也指導病人有關如何建立健康關係，例如告訴他們拒絕太快接觸某人：邊緣性人格異常症患者具有以一種驚人的速度造成彼此成對形成伴侶的名聲，例如陷入愛河，只在幾堂群體治療結束後，這些衝動伴侶就經歷風暴式關係破裂，其他邊緣性人格異常症病患需要的人際關係技巧是學習欣賞另一個人的觀點，並與其他人交往時採用友善的態度。為中和他們對情緒過度反應的趨勢，病人練習作出他們原先要作真正相反之事，例如，如果他們感覺強烈憤怒並突然要對某人爆發時，他們可能應相反地由此情況中自己抽身離開，或者如果他們如此憂心將要在床上待一整天，他們就立即起床並散個步，治療人員也提醒病人獲得充分睡眠並規律進食，這兩件

事都能改善情緒控制（不像大部分治療人員，邊緣性人格異常症醫生鼓勵他們的病人在上課期間打電話給他們自己，這是一種策略，設計讓失能的病人感覺受到肯定及支持）。至少有一個研究建議這些策略有效，在 2006年，琳翰與其同事顯示辯證行為治療法讓二十二位邊緣性人格異常症患者企圖自殺的比例減半，與非行為治療法比較，在另一個組四十九位病人中，辯證行為治療法也減少這些病患急診室的使用及住院服務，超過他治療法。

而其他種類的心理治療法仍然可能同樣協助病人，事實上，到目前為止兩個主要針對於邊緣性人格異常症長期研究的結果指出，規律治療具有令人驚奇的正面效果，特別對最嚴重的症狀，例如自我傷害及衝動自殺，在其中一個研究，哈佛大學麥克林醫院的精神病學家瑪麗·桑納瑞尼（Mary Zanarini）與其同事在2006年報告，同時在醫院內外經過十年治療後，二百四十二位病人中的 88%不再符合邊緣性人格異常症之標準，此外，這些病人再發作的情況十分希少，建議病人能學習如何成功地處理他們的症狀。亞曼達如今三十歲並住在美國紐約長島，證明她被診斷出邊緣性人格異常症後接受三年辯證行為治療法成功。「我的騷動從前總是混雜成為此種巨大的失望之球，」她形容說：「我學習到情緒是以某

些過程發作，而在此過程間我們有些選擇可作，如今我的情緒不再須要從前的控制，對於大部分情況我都能處理。」雖然亞曼達偶而仍然會在自殘及自殺的思想上掙扎，她處理情緒的能力改善，已經穩定了她的婚姻及她與工作同事（她是一位圖形設計師）的關係以及她對自我的感覺。「我以前總是認為我已經發瘋了，而且感覺瘋狂是非常孤獨的事，」她解釋說：「當我發現罹患邊緣性人格異常症後，每件事都變得有道理，我了解這是種異常症而我是許多罹患此病的眾人之一，我不再感到孤獨。」

被感覺淹沒

1. 邊緣性人格異常症，特性為普遍情緒、人際關係及行為不穩定的一種異常症，在美國人之間比兩極性異常症或精神分裂症更普遍。

2. 邊緣性人格異常症病患並非刻意不專心，相反地近代研究顯示他們的形為是根植於對於微妙臉部表情的一種異常敏感性，同時極端難以控制他們的情緒。

3. 對於邊緣性人格異常症的心理治療法如今可讓病人克服這種／長期以來被視為是終身監禁的疾病。

失去控制

　　在最近的一個研究，科學家嘗試對由充滿情緒的照片抽離自己的人進行大腦掃瞄，某些研究對象罹患邊緣性人格異常症而其他人則無，大腦掃瞄健康人顯示大在「背側前帶皮質」（dorsal anterior cingulate cortex，此構造控制情緒），及「頂葉內溝」（intraparietal sucus，指揮視覺注意力）的活性要大得多，這些結果建議罹患邊緣性人格異常症的人對他們的感覺具有異常弱小的神經抑制力，並難以轉變他們的注意力離開受困擾的場景。

人格異常的年輕人

在 2008 年 12 月 1 日，研究人員報告：幾乎每五位美國年輕成年人中就有一位具有「人格異常症」（personality disorder），不但干擾了日常生活，甚至更多人酗酒及濫用毒品。

　　這篇報告是這類問題中最廣泛之研究結果，此異常症包括許多問題，例如妄想或強迫傾向及有時會導致暴力的反社會行為，該研究也發現大學年紀的美國人有差不多 25% 罹患精神問題而接受治療，有一位專家認為人格異常症可能被過度診斷，但是其他專家則表示該結果不令人驚奇，因為在從前有

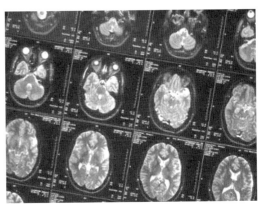

大腦掃瞄圖

些比較不嚴謹的證據已經建議，精神問題在大學校園中及其他地方都十分普遍。專家對該研究的範圍相當讚許（與超過 5000 位年齡介於十九歲至二十五歲間的年輕人，面對面訪談有關許多異常疾病），而且聚焦於大學行政人員必須留意的問題上。哥倫比亞大學及紐約州立精神病研究所的馬克・歐夫桑（Mark Olfson）博士呼籲，廣泛缺乏治療特別令人擔心，他表示不只：「學生與家長，也包括校長及實際負責大學精神健康服務的人，都必須警覺到有關擴大接受治療觸之需求。」至於濫用毒品，該研究發現幾乎有一半被訪查的年輕人具有某些種類的精神疾病狀態，包括學生及非學生。

在藥物或酒精濫用列為精神疾病的單一類別後，人格異常症是第二種最常見的問題，異常情況包括妄想、反社會及偏執行為，這些不只是怪癖，而是實際干擾到一般生活功能。研究作者提出最近的悲劇，如在北伊利諾大學及維吉尼亞理工學院發生的致命性槍擊事件，已經對精神疾病在大學校園裏盛行情況提高警覺，他們也認為這個年齡族群可能特別容易受影響。作者如此表示：「對於許多人而言，年輕成年人的特性是追求更多教育機會及職業前景、發展個人關係以及對某些人而言，成為父母親。」他們認為在這些情況下，會產生壓力而誘發精神問題或再度發作老毛病。該研究發表於 2008 年 12

月 1 日出刊的《一般精神疾病檔案》（*Archives of General Psychiatry*）期刊，是根據 2001 年至 2002 年間對 5,092 位年輕成年人訪談獲得，歐夫桑博士表示分析數據要花時間，包括權衡結果來延伸解釋全國性數字，但是作者認為該結果即使在今日也可能是確實的。該研究美國國家健康研究院、「美國預防自殺基金會」（American Foundation for Suicide Prevention）及紐約精神病研究所補助經費支持。

芝加哥大學精神病學家莎倫·赫許（Sharon Hirsch）博士並未參與研究，稱讚該研究察覺到有關問題並發現未獲得協助而極受影響的人數目眾多，想像如果有超過 75%糖尿病的大學生未獲得治療，赫許表示：「單單想到在我們的大學校園裏將發生何事就令人震驚。」研究結果強調對於精神健康服務的需求，必須與大學校園內的其他醫療服務同時並存，消除污名化並使其更容易讓人們尋求協助。

在研究中，受過訓練的訪談者（並非精神疾病學家）詢問參與者有關症狀，他們使用一種評估工具與醫生用於診斷精神疾病的標準相似，美國萊特州立大學精神病學教授及美國精神病學協會大學精神健康委員會主席傑拉德·凱（Jerald kay）醫生認為：評估工具十分堅實並比自我精神疾病的報告更嚴格，他並未參與研究。在學

生及非學生間顯示出性格異常的數目差不多，包括最常見的一種為「妄想強迫人格異常症」（obsessive compulsive personality disorder），在兩個組別中同時有大約 8% 的年輕成年人罹患這種疾病，包括對細節、規律、次序及完美主義極端執著與偏見，凱醫生表示人格異常症之盛行率高過他的預期，並質疑此種情況是否可能被過度診斷。

所有好學生都曾經多少接觸到「妄想式」（obsessional）人格，可幫助他們努力工作來達到某些成就，但是妄想異常症不同，此疾病使人們不知變通並控制及干擾他們的生活。妄想強迫人格異常症與較為所知之「妄想強迫症」（obsessive- compulsive disorder, OCD）不同，後者特徵為重複性動作，例如不斷洗手以避免微生物感染，此症被認為影響大約 2% 之一般民眾，該研究並未分開檢驗妄想強迫症，但是將其與所有焦慮異常症合在一起，大約有 12% 大學年齡的人在調查中見到。其他異常症的整體比例在大學學生及非學生間也極為相似：物質濫用，包括藥物成癮、酒精中毒及干擾學校或工作的其他飲料，影響兩個組別中幾乎三分之二的人。大學學生比非學生有飲酒問題者數目稍高，20%比 17%，而非學生具有藥物問題者比例稍高，接近為 7%比 5%。同時在兩個組別中，大約有 8%的人具有恐懼症，7%具有憂鬱症，

兩極性異常症在非學生中稍微常見，影響比例幾乎為 5%
比大約 3%。

生命如何型塑大腦

由靜思冥想至飲食，生命經驗深深改變大腦的構造與連接。

在我們生活裏的每一秒鐘，我們的大腦就形成一百萬個新連接，這是撼動心靈的統計，對我們最難以理解的器官其令人驚奇的彈性提出了一個重要觀點，雖然此數字強調有關大腦構造我們仍然有許多知識要學習，但

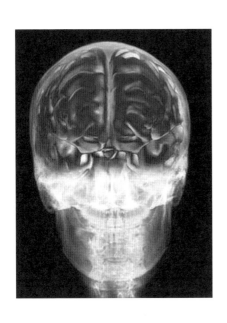

這也顯示我們每日的生活經驗在形成我們的大腦是原本大腦的巨大重要性。

解剖學、神經網路與基因都是昨天的熱門議題，今日，神經科學家愈來愈專注於我們的生活方式對於我們大腦之構造與連接如何產生深遠及

通常為長期之改變，他們專注於如同我們的情緒、環境、社會交互作用及甚至我們精神生活般分歧的影響如何協助我們分分秒秒地過日子。為反應此種轉變，美國「神經科學協會」（Society for Neuroscience）於 2005 年 11 月第一次邀請一位宗教領導人士開啟其年會，達賴喇嘛演講談及科學研究中的倫理與責任，但是表面上他在那裏講靜默沈思（佛教徒修練的主要方法）如何影響我們的心靈並改變我們大腦的構造與活性，這種作用或許是永久性的，但是佛教的傳統已經發展出訓練人們以富有同情心思考的技術，他如此告訴幾千位聚集在一起的研究人員，而這些情況可能反映出大腦中可觀察到之突觸及神經改變。麻州綜合醫院的莎拉·拉札（Sara Lazar）提出一個這類研究的細節，在有經驗的靜思冥想者某些大腦部位比較厚，特別是前額葉皮質（這在高等思考及計畫上非常重要）及右側的「島」（insula，整合情緒、思想及感覺的部位），增厚可能由於新的連接引起，如支持細胞、分支或血管，但是不論什麼原因，此作用似乎會反轉因老化而產生常見的皮質增厚情況，「這是與靜思冥想經驗有關的真正影響。」拉札解釋說。

先天與後天彼此影響，但是愈來愈多的研究興趣在於找出我們的大腦如何真正能被我們的經驗永久改變的細節，在部分，由於發展出量化量測的能力而提出此種

復甦情況，與我們過往信賴之人類經驗的主觀報告相反，人類基因組計畫的完成及在 1990 年代美國國會任命之十年大腦先進研究（brain initiative）也使人們體認到包括在基因與經驗間交互作用之巨大複雜性。「經驗調控基因表現，因而導致重大行為差異。」美國艾莫瑞大學的精神疾病學家查里斯・內密羅夫（Charles Nemeroff）說，他表示這是十分新穎的想法，而我們最終可以描述某些機制，例如「漸成基因作用」（epigenetics），經由此作用環境因子（不論出生時創傷、不良之雙親照顧或毒素）會產生長期效應。他研究 681 位受苦於嚴重憂鬱症平均八年的人，強調早期生命事件對晚期精神健康何等重要。「如果你檢視例如雙親之一死亡、離婚或分居、虐待（不論肉體或性）、或忽視的案例，只有三分之一的病人未產生創傷，」他報告說：「有三分之二的人受苦於早期生命創傷，我們已經考慮這是一種危險因子。」

有幾個研究也將早期創傷與毒品濫用、人格異常及焦慮異常等情況相連在一起，內密羅夫認為源頭可能是人們對壓力反應的途中身體發生改變，他的研究顯示罹患憂鬱症也同時受苦於早期創傷的女人對壓力試驗的反應不同，例如對不友善的聽眾講話，或進行一連串稅務的算術計算工作，內密羅夫表示：「這使得他們皮質醇的量一飛沖天。」然而那些罹患憂鬱症而未受創傷者卻

反應正常：他們皮質醇的量也上升，但並非如此高或時間如此長，另一個對男人的研究正準備發表，顯現相同結果。早期創傷似乎也引起大腦改變，對於情緒中心的影響研究，分析人們對於正面及負面影像的反應，那些被認為經歷早期創傷的人具有對正面刺激的反應遲鈍，並加強對負面的反應，在海馬也產生構造改變（這是對學習與記憶十分重要的大腦部位），內密羅夫指出某些這類改變從前在憂鬱症曾經報告過：「但是我開始懷疑是否其他有關憂鬱症的發現實際上與早期創傷有關，我覺得這是一種完全不同的次類病理現象。」

在相反面，如果經驗能引發問題，或許經驗也能治療問題，有一個可能會讓佛洛伊德（Sigmund Freud）感到驕傲的研究中，內密羅夫比較抗憂鬱藥物治療法與心理治療法，他的最初分析顯示兩種技術差不多同樣有效，而將其結合起來結果稍微好些，但是檢視那些罹患憂鬱症而曾經遭遇早期創傷的患者，則心理治療法比藥物治療法有效得多，並使得 45%的人症狀減輕，即使他們受苦於疾病長達八年之久。

安慰劑效果是另一個領域，在此我們開始瞭解大腦對於環境影響的反應，美國哥倫比亞大學的托爾·華格（Tor Wager）已經指出大腦的前額葉部位（與期望及獎賞有關），當病人給予安慰劑時這個部位被活化，而相

反地，疼痛部位變得較不活化，「安慰劑改變了你的大腦當情況發生時如何處理疼痛，」華格表示：「你的期望對於大腦與身體會產生重大衝擊性，這些反應是神經的真正反應，而非只是你如何表達你的感覺。」安慰劑反應是情況好轉過程的一部分。一個有趣的暗示是如果你不再對你周圍的情況以此種方式起反應來產生任何期望時，你將不會體驗到安慰劑作用，而且可能需要更高劑量的藥物，義大利土靈大學醫學院的法布瑞濟歐·班尼迪替（Fabrizio Benedetti）顯示阿滋海默氏病人（他們調控期望的額葉迴路受到損傷）對於疼痛不會顯現安慰劑作用，班尼迪替如此解釋：「我們可能須要改變對於精神病患的治療方法，來補償這些期望機制的損失。」

大腦的改變依賴經驗，也能影響更多大腦的功能層面，美國羅格大學的海倫·費雪（Helen Fisher）報告，剛被愛人遺棄的人其大腦控制身體疼痛的部位呈現活性，顯示情緒如何能啟動真正的身體作用。而飲食與運動影響我們的大腦如同身體一樣多，不良飲食對於記憶有幾種有害影響，而良好飲食帶來益處，美國洛杉磯加州大學的費南多·郭梅茲－皮尼那（Fernando Gomez-Pinilla）描述一個大型蛋白質組分析研究，顯示許多與突觸構造有關的蛋白質因能量代謝而製造出，包括生長因子 BDNF 及一種重要的記憶蛋白質 CREB，垃圾食物會減少大鼠這

些蛋白質的量，郭梅茲－皮尼那如此表示。然而運動能卻能恢復這兩種蛋白質，「運動可能藉改變能量代謝作用於大腦，」他解釋說：「這是一個飲食及運動如何可在人體結合的好例子。」

英國牛津大學的神經科學家及英國醫學研究學會執行長柯林‧布萊克梅爾（Colin Blakemore）下結論說：「我們由人類基因組研究所獲得的興奮之情轉移至一個嶄新的複雜領域。」他一定知道：因為他是我們大腦裏每一秒鐘有多少神經連接形成的報告人之一。

基因研究先驅人物的悲劇

如今我們知道基因活性能明顯改變而無須更動到DNA，但是有一個感到羞愧的科學家（他於1926年自殺）是第一位發現此事實的人嗎？

　　當1926年保羅・卡米爾諾（Paul Kammerer）在奧地利山坡開槍射擊自己時，他似乎命定被記得只是一位科學騙子，因為他被認為捏造實驗結果來證明一個爭論性的理論，事實上，他很可能瞥見「漸成基因作用」（epigenetics），即基因活性大力改變而並未變動DNA序列。

　　卡米爾諾對於野生蟾蜍（*Alytes obstetricans*）的實驗十分有名，這是一種不尋常的兩棲類動物，牠們在乾燥的陸地上交配及產卵，為維持蟾蜍異常炎熱及乾燥的情況，科學家驅使牠們在水裏繁殖及產卵，結果只有幾個卵孵化，但是這些水生蟾蜍的後代也可在水裏繁殖，卡米爾諾宣稱此現象可證明「拉馬克遺傳論」（Lamarckian inheritance），此想法（原先不知是錯的）認為在一個人生命期中所獲得的特徵能傳衍給其後代。1926年8月，

在自然期刊（vol 118, p 518）中有文章譴責卡米爾諾是一個欺騙者，六個星期後他就自殺了，此悲慘的故事大部分被遺忘直到 1971 年，當時亞瑟・寇司特勒（Arthur Ko-

野生蟾蜍（*Alytes obsettricans*）

estler）出版一本書宣稱這個生物學家的實驗可能被一位納粹同情者所擅改，卡米爾諾是一位社會學家，他計畫在蘇聯建立一間研究所，這使他成為維也納納粹活動對付的目標。

　　然後在 2009 年，智利大學的生物學家亞歷克斯・瓦格斯（Alex Vargas）重新檢視了卡米爾諾的研究，認為他不是欺騙者，卻無意間發現了漸成基因作用註①，瓦格斯如此表示：「卡米爾諾具有正確的研究方法。」他希望此蟾蜍實驗有一天會被複試。我們如今知道卡米爾諾所宣稱遺傳模式的種類可由漸成基因作用而見到，此過程是分子生物學的核心，而根據其作用的多種藥物都正在研發中，不論有沒有卡米爾諾此結果都會被發現，但是如果以前他被嚴肅對待的話，或許我們無須仍然要等待這些藥物的開發。

註①　資料來源：*Journal of Experimental Zoology B*, vol 312, p 667.

生活形態可印記於下一代
──並非只是基因

研究建議外貌可能並非是由祖父母向下傳衍的全部性質。

新的研究理論認為生活形態可能改變基因並傳衍至後代，人們能由祖父母遺傳到禿頭、臉部特徵及其他身體特性，有些人甚至相信音樂能力及韻律都能由前幾代向下遺傳，但是依據研究人員的意見，這並不只是你祖父母的基因留下他們的印記在你身上，也包括他們生活形態的因子。

研究人員在「漸成基因作用之科學」（science of epigenetics）中檢視類似飲食

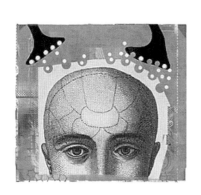

及身體活性如何能改變一個人的基因，而不只是影響這一代，甚至也及於未來後代。英國南漢普敦大學的馬克・漢森（Mark Hanson）表示：如今有非

常好的證據證明我們的祖父母能將疾病預先分配給後代子孫，這些結果來自研究小型動物像是大鼠及小鼠的實驗，同時也也來自對人類族群的研究。

此外，美國南加州大學的醫生發現女人在懷孕時抽煙不只增加她們小孩氣喘的危險，也增加她們孫子罹患氣喘病的機會，該研究建議煙草可能傷害胎兒，而如果嬰兒是女孩，她的卵子或DNA可能受到影響，這可改變免疫功能，因而增加她氣喘的危險。有許多醫生表示該理論令人感到困惑，但這仍然是個假說，因為對人類其關聯性的研究遠遠還無法證明此點。美國約翰霍普金斯大學的安迪‧芬安伯格（Andy Feinberg）博士解釋說，在實驗動物某些有趣的早期數據與這些線索一致，而目前在人類，這只是個有趣的推測領域，但是要說出來還太早。

不論這些情況，漸成基因作用的研究人員建議，雖然我們的生活形態改變巨大，但基因卻非如此。漢森指出我們我們在生命期中已經改變了世界，在我們所吃的食物種類、電梯的使用等，還有我們坐在家裏……玩電腦遊戲而非外出騎腳踏車，所有這些活動已經巨大改變。最終結果可能由於「基因不符」（genetic mismatch）而造成對我們身體及未來後代的浩劫，這可解釋某些生活形態誘發之疾病爆發，如肥胖，糖尿病及心臟病。

研究人員強調早期健康習性的重要性，這是為了未來後代的健康著想，科學家表示，如果我們對正在成長的年輕成年人（他們將成為父母親而且最後會是祖父母）更加留意，讓他們更健康並且讓他們了解此問題，然後我們才能減少危險負擔，而這就是後代子孫產生的這類疾病。

生命早期之壓力改變基因

　　德國馬克斯普郎克精神疾病學研究所的科學家領導進行一項研究，他們以小鼠所作之結果提出：在早期生命產生的創傷及壓力能重大影響基因，以及如何產生行為問題。在《自然神經科學》（*Nature neuroscience*）期刊上報告壓力對剛出生小鼠的長期作用，受到壓力的小鼠產生賀爾蒙「改變」了牠們的基因，影響到整個生命期的行為，此研究對於在早期生命中之壓力及創傷如何導致後期問題之產生可提供某種結論。

　　克里斯多佛・慕爾蓋特洛耶（Christopher Murgatroyed）博士告訴英國廣播電視公司新聞該研究係進入「分子細節」（molecular detail）：正確顯示在生命早期的壓力經驗如何能「程式化」（programme）長期行為，為做到此點，研究人員必須對剛出生的小鼠

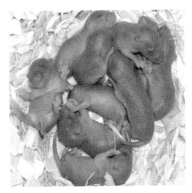

剛出生的小鼠

引發壓力並監測牠們的經驗如何一輩子影響生命，科學家將剛出生的小鼠由牠們的母鼠分離，每天三小時一共十天，這是一種十分溫和的壓力，動物在營養層面不受影響，但是牠們會感覺被放棄，研究小組發現，在早期生命被放棄的小鼠，其整個生命期比較無法對付壓力情況，同時受到壓力的小鼠記憶力也比較差。

基因程式化

慕爾蓋特洛耶博士解釋這些影響被「漸成基因改變」（epigenetic changes）引起，在其間早期壓力經驗的確改變動物某些基因的 DNA，而這是兩個步驟的機制：當剛出生的小鼠受到壓力後，會製造大量的壓力賀爾蒙，這些賀爾蒙「扭曲」（tweak）了一個預定製造特殊壓力賀爾蒙（vasopressin，血管增壓素）基因的 DNA，此過程在血管增壓素基因上遺留下一個永久性標記，然後在生命後期被程式化來製造大量賀爾蒙。

研究人員能顯示血管增壓素是行為與記憶問題背後的原因，當成年小鼠給予藥物抑制賀爾蒙的作用時，牠們的行為轉趨正常。雖然此工作在小鼠身上進行，但是科學家也正研究在人類兒童期的創傷如何能導致如憂鬱症等問題的發生。英國布里斯托大學的漢斯・瑞爾（Hans Reul）教授表示，此研究對於早期生命壓力的長期作用

添加了非常有價值的知識，目前強有力的證據顯示，在嬰兒期發生的不幸事件如虐待及忽視會造成精神疾病的發作，例如憂鬱症，此情況強調與壓力有關之異常疾病中漸成基因機制研究的重要性。

漸成基因作用造成情緒異常？

基因與環境間的重要關聯可能影響發生憂鬱症的危險。

「漸成基因作用」（epigenetics）是今日醫學科學中最熱門的議題之一，這是許多領先期刊中論文的主題，同時獲得美國國家衛生研究院最優先之經費支持，而其可能呈現憂鬱症及兩極性異常症的大部分原因。

何為漸成基因作用？

自從發生生物學家康瑞・瓦丁頓（Conrad Wadding-ton）在 1940 年代使用此名詞描述：一種因子如何影響遺傳傾向，最終形成某種生物或臨床結果，此時出現這個字眼。如今，在分子領域，該名詞含意更狹窄，係指細胞內可遺傳之資訊但非DNA序列本身。基因傳衍之訊息可被認為是DNA序列上的化學字母組成，漸成基因傳衍則被認為是存在於這些字母的字型裏，並在標點符號中。不同字型具有不同意義，例如，採用以下句子：「我恨憂鬱」及「**我恨憂鬱**」，雖然用字一樣，但第二個句子

是較強的敘述，或採用「我恨憂鬱!!!」則是更強烈，類似地，基因的漸成改變具有重要功能，即一個基因如何強

烈地被打開，這些改變採取兩種形式：「DNA甲基化作用」（DNA methylation）及「組蛋白標記作用」（histone marks）。

　　DNA甲基化作用是指加入一個化學基稱為「甲基群」（methyl group）置於DNA序列，以另一個隱喻表示：這些作用像是將工廠大門鎖上，以決定是否化學工作人員能進入並開啟基因。組蛋白形成球型蛋白質圍繞著捲曲的DNA，他們的作用像是磁鐵，當方向由正極與負極相對時，鎖住DNA成為封閉的狀態，但是當正極朝向正極時，開始相斥，並讓DNA打開，許多化學改變或標記影響正極對負極的狀態，並因而協助決定通往基因的大門是否被打開。

中樞的漸成作用

許多癌症基因已知被漸成基因機制管控，包括大腸癌基因 *APC*，及乳癌基因 *BRCA1*，但是最近發現漸成基因作用在大腦也具有功能。在約翰霍普金斯大學有一個研究團隊最近量測幾百個基因其 DNA 甲基化作用的程度，在三個不同的大腦部位比較其模式，結果發現許多基因在大腦不同部位的作用程度不一樣，建議DNA甲基化作用之標定可分辨不同之大腦部位，並可能協助說明每一個部位的獨特功能。DNA 甲基化作用造成大腦疾病的一個明顯例子是「雷特氏症候群」（Rett syndrome），這是一種DNA甲基化作用機制的遺傳缺陷，導致在大腦中無法關閉某些適當基因，讓不幸被此疾病折磨的兒童其神經發育遲緩。然而，漸成基因標記也能被環境改變，例如，有一個研究顯示比較中年同卵雙胞胎間與非常年幼雙胞胎間的DNA甲基化作用，發現前者的差異要大得多，科學家認為這些改變在雙胞胎的生命歷程中不斷累積。

壓力會是影響漸成基因標記的生命經驗之一？

加拿大馬基爾大學進行一個令人著迷的研究建議其答案可能為「是」，研究人員利用大鼠顯示，母鼠對剛出生大鼠不同的養育行為會影響牠們在成年時承受壓力

的敏感性，養育行為較佳的母鼠與那些較疏忽的母鼠相比，這兩種母鼠剛出生的大鼠間，在一個關鍵壓力系統基因的位置顯示DNA甲基化作用與組蛋白標記作用都有差異，以藥物治療會改變漸成標記，消除母鼠對壓力敏感性之影響，科學家支持這是漸成基因作用的起始功能。另一個研究，由德州大學西南醫學中心進行，提出漸成基因改變能被成年期壓力誘發的證據，成年小鼠面對高度侵略性鄰居會變得逃避社會，深受挫折及自居於次要地位，以某些方式模擬人類的憂鬱症，研究人員顯示這些小鼠在一個與憂鬱症相關的基因上其組蛋白發生改變，而這些改變能被抗憂鬱劑 imipramine 恢復。有證據顯示其他抗憂鬱劑（Parnate 及 Prozac）也能改變組蛋白標記作用，這是給予小鼠改變組蛋白的化學物質，產生一種類似抗憂鬱劑的作用，其他一種常用來治療兩極性異常症的藥物 valproic acid，也會影響組蛋白的狀態。

打敗黑狗

在美國約翰霍普金斯大學「漸成基因作用中心」（Epigenetics Center），科學家正在研究漸成基因變異可能對壓力、憂鬱症及兩極性異常症具有作用，研究工具之一就是「微距陣」（microarray），有時稱為晶片，大約手掌大小，在其上存有二百一十萬個微小的 DNA 片

段。當將人或小鼠的DNA放置其上，該晶片就能偵測出混合物中幾乎每一個基因的甲基化作用，所有反應都在同一時間內發生，此工具的領導研發人員為中心主任安德魯‧芬安伯格（Andrew Feinberg），將其命名為CHAR-M，這是一個字首略字，因為巴爾地摩（約翰霍普金斯大學所在的城市）被樂觀地號稱為「迷人的城市」（Charm City）。逐漸了解情緒異常的漸成基因作用最終將導致較有效之治療方法出現，科學家有充分理由樂觀，如同邱吉爾（他罹患憂鬱症）所說：「對我自己而言我是一個樂觀者，任何其他的情緒似乎都沒有多大用處。」

富足的環境能否改變基因？

當小鼠生活於富足的環境下，牠們的後代能克服阻礙長期記憶的遺傳缺陷。

長頸鹿的長脖子完全適合採食超過其他草食動物所能達到高度以上的嫩葉，仔細考量此種現象之生成，兩位近代生物學的鉅子，拉馬克（Jean-Baptiste lamarck）與達爾文（Charles Darwin），獲致大不相同的假說，拉馬克相信持續拉長頸子多少會刺激其生長，長頸鹿就將其新的特性傳給牠的後代，實際上，這個答案：長頸子是長頸鹿與其環境交互作用的直接結果，相反地，達爾文的理論是假定特徵的演變係隨機性且為逐漸形成的過程，長頸鹿是出生時正好頸子較長，這要歸功於隨機之基因突變，取食較易因而比較短脖子的對手更健康，使牠們更可能活得長到足以交配並將此特

性傳衍下去，因為此種突變給予長脖子的長頸鹿特殊優勢協助牠們生存，此特性就被保留在動物的未來世代中。

在科學家發現我們的DNA訂定之基因攜帶有可遺傳之特性後，拉馬克有關環境影響的理論大部分被拋棄，然而一個最近的研究由美國塔虎茲大學的神經科學家洋寇・亞瑞（Junko A. Arai）、曾任教臺灣中山大學的李少民教授（Shaomin Li）與同事發表，顯示不只動物生養在其中的環境對其學習與記憶能力具有顯著影響，同時這些影響也可遺傳，該研究建議我們不僅僅是基因的集合體：我們的所作所為的確能造成不同的結果。

神經生物學對於環境影響學習與記憶的研究開始於六〇年代晚期及七〇年代早期，當時馬克・羅森魏格（Mark Rosenzweig）與同事檢視處理感覺刺激、運動及社會互動的程度如何影響大鼠的行為，實驗大鼠典型地生活在準備有墊料、食物及飲水的動物龍中，但是沒有其他物件，在羅森魏格研究小組所創造的「富足環境」（enriched environments, EE）中，動物可接觸到多種玩具，以及對於社會化及運動的機會增加，富足環境裏大鼠的大腦比較大，而且牠們在學習及記憶的工作上勝過對照組大鼠（關在一般傳統的動物籠裏），研究人員後續的工作是察看細胞層次的情況，顯示富足環境大鼠啟動神經形態學（形狀）的改變、抗拒神經退化性疾病以

及學習有關之神經活性。

拯救記憶

最近亞瑞與李少民延伸此問題的研究，檢視富足環境在「長期擴增作用」（long-term potentiation, LTP）上的功能，此為支持學習與記憶的突觸強化作用，長期擴增作用的生理標記為增加神經元電活性的基線量，亞瑞與李少民顯示於養育在富足環境中的小鼠在海馬（關鍵大腦構造進行學習及記憶過程）中的長期擴增作用較大。然而更讓人驚奇的是，富足環境也足以「拯救」（rescue）存在於基因改造小鼠的記憶缺陷，將出生即帶有缺陷的親代小鼠在其青少年期飼養於富足環境內，牠們並不會將相同之記憶缺陷傳給後代，因此富足環境矯正了牠們的基因缺陷。

此種矯正作用如何發生？產生長期擴增作用需要特殊之分子途徑，當科學家利用基因學家所謂的「剔除」（knock out）技術，關閉與這些途徑之一有關功能的DNA密碼部分，如同帶有記憶缺陷突變小鼠的案例，長期增強作用及記憶功能同時都受到阻礙，亞瑞與李少民顯示富足環境增加了野生（未突變）小鼠長期擴增強作用的量，有趣的是，具有誘發長期增強作用所需標準分子途徑的小鼠，在剔除此分子後仍然能誘發長期擴增作用，

研究人員發現此種與富足環境有關的長期擴增作用被誘發係經由一個新奇的分子途徑，而這是養育於富足環境下的結果直接引起，更一步，科學家發現野生小鼠能加強長期擴增作用之能力，以及在剔除小鼠被拯救之長期擴增作用能力，能被「漸成基因性傳衍」（transmitted epigenetically，其本身基因密碼未發生任何改變）而由母親傳給後代，令人驚奇的是，此種傳衍真正發生，即使母鼠的後代是養育在傳統環境中。

真是環境的影響嗎？

為保證後代所見強化之長期擴增強作用是由於母鼠當青少年時生活於富足環境下所產生，作者進行幾項巧妙的對照實驗，為去除強化之長期擴增作用可能由父親調控的可能性，讓各別為雌性野生及富足環境飼養的剔除小鼠與傳統環境飼養的雄鼠交配，研究人員發現野生小鼠的後代具有較大之長期擴增作用能力，而在剔除小鼠後代其長期擴增作用被回復至基線量，為證明這些作用發生於子宮，飼養於富足環境小鼠的後代被飼養於標準實驗室並由傳統環境內的母鼠養育，如同預期，野生小鼠後代的長期擴增作用被增強，而剔除小鼠則恢復至基線水準。

下一步，科學家比較野生小鼠及長期擴增作用剔除

小鼠的記憶功能，監測長期擴增作用如何在行為層次影響小鼠，他們評估「前後關係記憶使用」（contextual memory using）情況，這稱為「前後關係恐懼制約範例」（contextual fear-conditioning paradigm），將小鼠置於鐵絲籠內並給予一次溫和的電擊；在典型情況下，小鼠對威脅的反應是凝住不動，為評估小鼠是否學習到動物籠與電擊間有關，研究人員量測小鼠在最初制約（訓練）下整體靜止時間的長度，接著他們測試對此關聯性之記憶，藉觀察將小鼠再次放入動物籠幾小時或幾天之後，在沒有電擊的情況下產生凝住不動的行為，研究人員發現在制約條件下，野生及剔除小鼠同時表現出類似之凝住不動情況，而剔除小鼠對於電擊發生處其前後關係之記憶則受到阻礙，此處即為有趣的場景：在青少年時期餵養在富足環境下的剔除小鼠其後代與正常小鼠花了同樣長的時間凝住不動，此發現提供一個重要關聯性，即養育於富足環境下，長期擴增作用及富足環境誘發之新奇分子途徑都支持長期擴增作用與行為。

前後關係的重要性

如這個研究（調查環境如何影響可遺傳特性之漸成基因性傳衍）是目前研究的熱門領域，此議題之籲求在於科學信用傾向於提示：我們與我們的後代並非只是基

於隨機演化過程與可遺傳基因劇本的憐憫而已，即使並非我們自己命運的主宰，但至少有能力影響其過程，在實用層次上，此等研究發現認為基於簡單引介如富足環境的新奇療法就可減緩基因遺傳疾病的作用。然而這些提示具有蠱惑力，這些特殊結果對於人類通常不容易一般化或廣泛應用，富足環境似乎拯救了養育於非富足環境內剔除小鼠記憶受阻之表現型，但是在此處理之下具有復原性，野生小鼠證明在經歷恐懼制約後前後關係記憶改善，卻未能證明其長期擴增作用被強化。

對於在傳統環境中長期飼養（感覺被剝奪）的實驗小鼠品系而言，與非被剝奪的人類相比情況可能無法一般化，我們不應假設在青春期時度過長期無聊日子的母親所生出的小孩具有記憶缺陷，第二、為要得到結論，科學家必須控制實驗變數的數量，在這些實驗中，科學家在非常特殊的參數條件下只能分析一種學習行為。這完全有可能：如果刺激（被測試之前後關係）是針對情緒性而不是非情緒性事件，這些養育於富足環境下的相同剔除小鼠將無法學習，對於一種相關提示是，有許多方式可誘發長期擴增作用，因此至少以下情況可能發生：即亞瑞、李少民與其同事所探尋的分子途徑可能調控在恐懼制約後前後關係記憶形成具有特殊專一性的長期擴增作用。

且不談這些警告，該研究在拉馬克去世後對其「改變與遺傳理論」（theories of change and inheritance）提出某些辯解，雖然達爾文的演化論及天擇論仍然是教條，近代科學卻提示：在一種遺傳機制的完整解釋中，仍然有空間容納拉馬克某些直觀的洞察力。

大腦改變引起自殺行為

　　2008 年 10 月，加拿大西安大略大學、卡雷頓大學及渥太華大學的研究人員在「生物精神病學期刊」（*Biological Psychiatry*）發表論文，分析十位罹患嚴重憂鬱症而自殺的人及另外十位死於其他原因者（如心臟病），科學家發現自殺者大腦中某種化學變化的過程比例較高而影響了自殺行為，因此認為自殺者大腦裏的化學物質與因其他原因而死亡的人不同，而環境因子似乎是造成改變的部分原因。在自殺組群的人大腦細胞DNA被一種化

學過程改變，稱為「甲基化作用」（methylation），而正常情況下此過程是管控細胞之發育，這種作用可以關閉細胞中不須要用到的基因，而讓必要的基因表現，因此造成某個

細胞是皮膚細胞而非心臟細胞，但是甲基化作用之比率在自殺者大腦中幾乎是其他組群的十倍，而被關閉的基因會製造一種化學訊息的受體，在控制行為上具有主要功能。科學家認為此種「再程式化作用」（reprogramming）則會造成嚴重憂鬱症病情延長及復發之性質，以前的研究指出，甲基化作用之改變會被基因及環境因子所引發，稱為「漸成基因作用」（epigenetics）。

　　一般而言，由於大腦細胞不會分裂增生，因此基因組在大腦中可以造成如此這般之可塑性顯得十分驚人，人在生命一開使就與大腦裏的神經元打交道，所以大腦裏漸成基因作用的機制持續進行就顯得十分不尋常，可說是改變作用型塑了生命，新證據更顯示基因及環境因子可能交互作用而產生大腦之特殊迴路與長期改變，進一步，這些改變又可能以極端重要的方式形塑一個人的生命過程，包括罹患嚴重憂鬱症或增加自殺的危險，因此新發現也打開一條嶄新的研究途徑，對憂鬱症及自殺傾向的人可能研發出新的治療方法。

　　而對自殺者而言，某些生命期中所遭遇到的經驗可能導致大腦改變。美國約翰霍普斯金大學布倫伯格公共衛生學院於 2008 年 10 月發表一篇報告，表示十年來美國自殺率案例已經第一次增加，但是何事會導致一個人去自殺？有幾個新研究認為自殺者大腦中發生神經性改

變，與其他正常大腦明顯不同，而這些改變會在一生中持續發展。通常最容易引起自殺行為的是罹患憂鬱症，影響了三分之一的自殺者，加拿大「西渥太華大學羅伯茲研究所」的研究人員發現得憂鬱症的自殺者大腦中具有一種針對化學物質「γ-氨基丁酸」（γ-aminobutyric acid, GABA）的異常受體分佈，這是大腦裏數量最多的神經傳導物之一，其功能是抑制神經元的活性。神經科學家麥可‧波特（Michael Poulter）與其同事發現，與死於其他原因的人相比，罹患嚴重憂鬱症的自殺者在其大腦額葉皮質中幾千種 GABA 受體之一呈現低度表現，額葉皮質負責人類高層次的思想，譬如作決定等，科學家還不知道此種異常情況如何導致憂鬱症病患會去自殺，但是任何對此系統的干擾則被預測具有某些重要影響。

有趣的是，此種 GABA 受體產生問題並非異常或突變基因的結果，而且大部分改變是「漸成基因性」（epi-genetic），表示某些環境作用影響相關基因，造成這些基因究竟多常被表現（也就是製造蛋白質），該研究小組發現，在自殺者大腦的前額葉皮質中，GABA-A 受體時常與一個稱為甲基群（methyl group）的分子連接，當甲基群連接到基因時，會使得基因躲過細胞之「蛋白質製造機制」（protein-guilding machinery），並制止細胞製造 GABA-A 受體。從前已知在動物實驗時，受到人類操弄

的齧齒類動物比未受打擾的動物，其甲基化作用（即加入甲基標籤）較常發生，而對於人類大腦中何種原因引起相同作用則所知較少，但是最近另一個研究認為這可能與在兒童期受到虐待有關，2008 年年 5 月，加拿大馬基爾大學的研究人員報告，小時受到虐待、罹患憂鬱症之自殺者比未受虐待的非自殺死亡者，他們在海馬（大腦負責短期記憶及空間導航的部位）中負責產生細胞蛋白質製造機制的基因較常被甲基化。

再一次，研究人員仍然不知道蛋白質製造機制發生問題如何會導致憂鬱症與自殺，但是如果一個人其合成蛋白質的能力受限，那麼就會逐漸剝奪建立關鍵性「突觸」（synapses，神經元間的連接構造）的機會，這對於維持人的快樂狀態可能十分重要，馬基爾大學的藥理學家摩西·史濟夫（Moshe Szyf）如此解釋。目前的假說是人在生命早期發生的社會事件能逐漸程式化大腦，如今史濟夫與其同事比較被虐待的自殺者與未被虐待的自殺者大腦，來檢視它們的甲基化作用模式是否不同。

更有趣的研究發表於 2008 年 2 月的《流行病學及社區健康期刊》（*Journal of Epidemiology and Community Health*），科學家認為即使在子宮裏，漸成作用也以多種方式影響且改變嬰兒發育中的大腦，增加其將來最終自殺的危險。研究顯示，比起身軀較長及較重的嬰兒來，

男嬰出生時身軀較短或體重較輕，那麼他在成年時較容易企圖暴力自殺，不論他們成年時的身高及體重如何，相似地，男嬰出生時如果係早產，則比足月生產的嬰兒可能有四倍大的機率將來企圖進行暴力自殺。研究人員認為參與胎兒大腦生長的化學物質「血清素」（serotonin）可能造成此種情況，子宮裏的環境受到壓力或資源不足影響，就可能干擾胎兒及血清素系統的發育；而其他研究也已指出，表現自殺行為的人其大腦的血清素活性降低。

科學家的最終結論為：以上發現顯示自殺者大腦與其他人大腦在許多方面不同，換句話說，人類真正是與某些種類的生物不平衡狀態交互作用，而這並非看法問題，由於漸成基因作用典型發生於生命早期，因此有一天說不定科學家可以藉研究年輕人大腦甲基化作用的模式，來鑑定出有無自殺的危險，然後利用控制此機制的藥物來治療他們。

完美主義者不完美

　　具有完美主義性格的人其實本身並不等於完美，他們對於「精神社會壓力」（psychosocial stresses）比起較隨意的人更敏感，而較大之壓力反應卻可能對健康造成不利影響，最近瑞士及德國研究人員，包括瑞士蘇黎世大學臨床心理學及心理治療學的彼特拉・威爾茲（Petra Wirtz）博士進行一項研究就顯示：完美主義者本身可能是一個筋疲力竭的壓力鍋。研究人員找了五十位平均年齡四十二歲、而且身體及精神都健康的中年男人參與研究，尋求確立是否完美主義趨勢可能及如何影響一個人的神經及賀爾蒙系統對壓力的反應，首先參與試驗者須完成「試驗者社會壓力試驗」（Trier Social Stress Test），這是一項完美主義者心理學及個性之

問卷調查，包括確認三十五項有關個人對於錯誤之標準及關心程度，結果顯示二十四位男人具有高度完美主義性格，其餘二十六位只具有低度的完美主義個性，其次參與試驗者要進行兩種壓力試驗：(1)在兩三個人面前進行一種嘲弄式工作面談，發表應徵職業的演講十分鐘；(2)同樣在人前進行五分鐘之數學口頭考試，由 2083 倒數至 0，間隔數字為 13，如果發生錯誤則須重新數過，研究人員全程監測受試者之血壓及心跳速率，試驗完畢後全部受試者都在一間安靜的房間內等待一個小時，在此時間內研究人員抽取幾次受試者的血液及唾液檢體供檢驗，量測唾液中壓力賀爾蒙「皮質醇」（cortisol）的含量及血液中其他與壓力有關之化學物質如腎上腺素及正腎上腺素的量，結果發現具高度完美性格的男人唾液中皮質醇的含量在試驗時升得較高，而且持續上升高達二十分鐘，要比較悠閒的男人晚十分鐘達到高峰，即使試驗過後一小時，完美主義者唾液中皮質醇的量仍然較高。一個人愈有完美主義性格之趨勢，他的皮質醇分泌量就愈高，這表示他們更加傾向焦慮、神經質及筋疲力竭，而筋疲力竭的症狀，如感覺疲倦、易受刺激及銳氣受挫的狀態本身就是罹患心臟病的危險因子，科學家認為完美主義者的高標準是自找的，但是藉「認知行為治療法」（cognitive behaviour therapy）則有可能改變他們的行為，

研究並未排除完美主義之外影響結果的可能因素。但筆者覺得較讓人不解的是為何完美主義與其他任何與壓力有關之化學物質皆無關聯，該研究結果發表於《身心醫學》（*Psychosomatic Medicine*）期刊。

強迫行為異常症
——錯在基因還是大腦？

　　2003 年時，美國國家精神健康研究院的研究人員進行一項人類精神異常疾病的研究，他們發現如果有人體內單一個基因產生雙重錯誤時就會導致嚴重「強迫行為異常症」（obsessive compulsive disorder, OCD）的發生。科學家分析了一百七十個人的 DNA，包括三十位罹患強迫行為異常症患者，其他人則罹患如飲食異常症（eating disorder）及季節性影響之異常症（seasonal affective disorder）等精神異常疾病，其餘八十位是健康人，他們尋找的是「人類血清素傳送體基因」（human serotonin transporter gene, hSERT）之變異體，這是控制大腦神經細胞間化學物質之運送，結果發現兩個家庭七個成員中的六個人具有一個基因突變，產生了強迫行為異常症，而其他患有神經性厭食症（anorexia nervosa）、亞斯柏格症（Asperger's syndrome）、社會性恐慌症（social phobia）、抽搐恐慌症（tic disorder）及酒精或其他毒品濫用問題（abused alcohol or other substances）的人中，有四個人產

生最嚴重症狀，其體內相同基因則發生第二個突變。

　　科學家表示：在所有分子醫學領域中，目前還沒發現單一個基因的兩個突變會改變基因之表現與控制的例子，而且似乎與異常疾病之症狀有關，因此在研究「神經精神異常症」（neuropsychiatric disorders）的遺傳性質上讓科學家略微瞥見其複雜性，本研究在精神神經遺傳學上建立了一個新模式，對於每位受影響的個人而言，基因內兩個或更多突變之觀念變得十分重要。有人相信強迫行為異常症與大腦中血清素的量太低有關，醫生對某些強迫行為異常症患者使用藥物治療，減少血清素結合至傳送體，如「選擇性血清素再吸收抑制劑」（selective serotonin reuptake inhibitors, SSRIs），這原先是一種抗憂鬱劑，但是科學家表示帶有 hSERT 基因缺陷的人似乎對藥物不產生反應，研究發表於《分子精神病學》（*Molecular Psychiatry*）期刊。強迫行為異常症是一種焦慮異常症，人被不理性的恐懼及思想強迫重複一而再、再而三地進行看起來不必要的動作，例如過多次洗手、清潔或重複檢查等，影響人口的 2%至 3%，並且已知會在家族中流傳。

　　而於 2007 年 11 月發表於最新一期的《大腦》期刊（*Brain*）之研究則顯示：大腦掃瞄可能可以揭發哪些人處於發作遺傳性強迫行為異常症的危險中，英國劍橋大

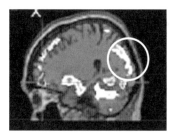

掃瞄病人大腦顯示異常部位（圓圈處）

學的一個研究小組發現，罹患強迫行為異常症的人及他們的近親其大腦構造具有特異之模式，引發此疾病的基因還未知，但是似乎改變了大腦的解剖學，此結果有助於診斷疾病。劍橋大學研究人員使用磁共振影像掃瞄儀掃瞄近一百個人的大腦，包括罹患強迫行為異常症的病人及其近親，自願參與者也完成一項電腦試驗，包括當箭頭出現於電腦螢幕上時，盡可能快速地按下左側或右側的按鈕，當嗶聲響起時，參與者必須立即停止他們的反應，目的在於客觀地量測停止重複行為之能力，結果發現：比起對照組，強迫行為異常症患者及其近親兩者對於電腦試驗表現結果都很差，而此現象與大腦中「灰質」（grey matter）的量減少有關，灰質對於抑制人們的反應及習慣上十分重要，位於「視覺額葉」（orbitofrontal）及「右下額葉」（right inferior frontal）部位。科學家解釋：如果阻礙大腦內有關停止運動反應部位之功能，就有可能造成強迫及重複的行為，是強迫行為異常症的特徵，而這些大腦構造改變似乎在家族中流行，並且可能成為發作疾病之危險遺傳因子。

目前精神病學家對於強迫行為異常症的診斷是主觀的，因此瞭解其背後原因之知識可能會產生較佳診斷及最終改良臨床治療方法，但是想要在強迫行為異常症患者及其近親體內鑑定出造成特異大腦構造之基因，仍然還有一段長路要走，同時也須要鑑別引起強迫行為異常症的其他因子，來進一步探討為何近親具有相似大腦結構卻並非總是一定會發病。

戀童症患者的大腦有問題？

　　為什麼有成年人會對兒童產生性衝動，即所謂「戀童症」（paedophilia），尤其報章雜誌曾經報導有些教會神職人員會去性侵小男童的案例，這種異常症狀有生物學的理論可解釋嗎？沒錯，美國耶魯大學的研究人員發現：當顯示成人色情資料時，戀童症患者大腦某些部位的活性比正常人低，研究結果發表於 2007 年 9 月的《生物精神病學》（*Biological Psychiatry*）期刊，表示這是第一個對於思想模式不同的即時證據。

　　耶魯大學的科學家利用功能性磁共振影像掃瞄儀（functional Magnetic Resonance Imaging, fMRI）來掃瞄病人的大腦，這種技術可以紀錄當病人正在思想時其大腦中的活性，他們發現有戀童感覺的病人當觀看成年人色情書刊時，其大腦

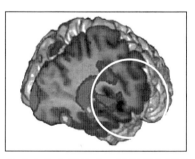

戀童症的大腦掃瞄，圓圈部位顯示白質減少

中稱為「下視丘」（hypothalamus）部位的活性比其他自願實驗者低，下視丘已知與一個人的性衝動及賀爾蒙釋放有關，而更常見的情況是，戀童症的行為愈極端者，大腦「額葉皮質」（frontal cortex）被活化的程度就愈低。科學家認為研究結果可能因此被視為朝向建立戀童症神經生物學的第一步，最終對於此異常疾病可以會發展出新而有效的治療方法。然而，期刊編輯約翰‧克里斯托（John Krystal）博士表示，他不知道這種大腦活性的特殊模式是否可以用來預測某些人具有戀童症的危險，但此發現對於這種精神異常症狀的複雜性的確提供了一些結論，而這種缺失可能讓容易產生戀童症的人去尋求其他種類的刺激。

接著加拿大多倫多「上癮及精神健康中心」（the Centre for Addiction and Mental Health）的研究團隊進行另一項相關的研究，係追隨耶魯大學的研究工作，他們發現戀童症患者的思考模式不同，結果發表於 2007 年 11 月的《精神病學研究期刊》（*Journal of Psychiatry Research*）。研究人員也是使用多功能磁共振影像掃瞄儀來比較戀童症患者與非性行為犯罪者間大腦之差異，結果顯示戀童症患者大腦中稱為「白質」（white matter）組成的量顯著減少，此構造負責將大腦裏的不同部位連接在一起，因此暗示戀童症可能是大腦錯誤連接所導致，科學家表

示最新研究發現連接六個不同大腦部位的白質顯著缺乏，而所有這些部位都已知在人類性衝動上具有功能，而在大腦不同中心間缺乏適當連繫則導致產生戀童症，這使得患者無法區分適當及不適當之性對象。

回顧 2002 年兩篇報告發現：英國有一位性犯罪者佛瑞德・威斯特（Fred West），曾經折磨、虐待並殺死至少十二個女人，法醫心理學家認為他的大腦額葉受傷（由於他在十七歲時發生一場摩托車意外，有一塊金屬板插入腦袋），導致威斯特貪求無厭的性癖好，威斯特於出意外後陷入昏迷整整一個星期，可能具有瀕臨死亡的經驗，也促使他產生病態之死亡與性的幻想，該心理學家的論點是：殺人犯的大腦額葉完美無缺，但是強暴者的額葉則受到傷害，在戀童症患者甚至更加變形。戀童症患者呈現的症狀與精神分裂症相似，例如與無法體會真實性並且無法與社會契合，他們缺乏任何能力來從事計畫性工作，因為他們的行為如此衝動，而且幾乎完全不會自責，戀童症患者具有非常遲鈍的感覺，需要外界大量的刺激，所有這些症狀都與大腦額葉有關，這是人類意識所在，相反地，那些犯下謀殺罪的人沒有性的動機，也未顯示精神疾病症狀，而大腦功能異常卻由性犯罪者身上得到證明，因此頭部受傷可能引起人們人格及情緒上的「巨大改變」。

第二宗案例是報告大腦腫瘤造成戀童症，有一位四十歲已婚的美國男老師出現性迷亂及侵犯兒童的行為，他首先開始秘密地瀏覽兒童色情網站並在網路資訊室召喚妓女，當他去醫院時抱怨頭痛，並表示他害怕會去強暴他的女房東，醫生利用磁共振影像掃瞄儀掃瞄大腦後發現在他大腦的「視額葉皮質」（orbifrontal cortex）部位長有一顆雞蛋大小的腫瘤，進一步檢驗發覺他也無法寫作或描圖，同時對於小便在自己身上也不在意。經過切除腫瘤七個月後他又產生頭痛問題，而且也開始秘密收集色情圖片，經過磁振照影掃瞄顯示腫瘤又再度生長，而切除後他的所有異常行為也就消失不見，科學家表示對於有些人突然變成性侵者應該考慮是否係由大腦腫瘤造成。

　　戀童症曾經被廣泛認為係由兒童期所受之創傷或虐待誘發，然而此情況也與低智商連想在一起，可能與大腦發育有關，使用左手的人比使用右手者產生戀童症之情況似乎多三倍，大部分戀童症患者是在生命早期就發生問題，有關在受虐男童間基因與反社會行為之關聯曾經引起巨大爭論，究竟是自然現象還是後天因素應對此種犯罪行為負責？大腦功能異常也可能由遺傳缺陷或出生時被鉗子夾傷頭部引起，檢驗基因作為犯罪原因已經具有長久歷史，因此犯罪行為是否具有生物標記也十分

重要，不可小覷。最後科學家認為不可將戀童症作為犯罪的藉口，因為一個人的性偏好並不表示無法選擇所做之事，性行為非常複雜，特別是當某些人的性衝動並不是被視覺刺激引起，而是被觸摸引起。

歇斯底里症的大腦活性

2006 年 12 月 11 日，加拿大多倫多大學的研究小組在《神經學》（*Neurology*）期刊上發表研究論文，提出大腦掃瞄的證據「證實」佛洛伊德對於某種「歇斯底里症」（hysteria）的觀點，即從前發作所謂歇斯底里症的人，如今顯示其症狀與大腦活性改變有關，其實歇斯底里症另有一個較容易了解的名稱為「轉換異常症」（conversion disorder），但其異常之特徵並未改變，發病的人出現神經症狀，範圍由肢體麻木至麻痺、記憶喪失及精神猝變，這些症狀無法追蹤至任何已知之醫學病變，而所以稱為「轉換異常症」是認為人們會將心理壓力「轉變」成生理症狀，但並非由人的自我意識控制，佛洛伊德正是創造出這個名詞的人。

科學家利用磁共振影像掃瞄儀（MRI）來掃瞄大腦，結

果發現三位罹患「轉換異常症」的婦女出現一種與她們症狀有關的異常大腦活性模式，三位婦女都產生感覺性「轉換異常症」，包括有一個肢體喪失感覺，每個人的一隻手或一隻腳都產生麻木現象，但無法歸咎至任何生理問題。在正常情況下，當一個健康肢體被碰觸時，身體對側一個與感覺有關之大腦特殊部位會被活化，而研究裏的三位婦女其麻木之肢體被刺激時卻無法在大腦的感覺部位啟發活性，反而大腦裏與情緒有關的部位卻在掃瞄影像上亮起來，接著研究人員同時刺激麻木及未受影響之肢體，這回與感覺有關的兩側大腦部位都被活化，但是與前面相同的情緒部位卻也產生活化情況，此時婦女受影響的肢體仍然感覺麻木，科學家表示這些資訊非常明確地顯示大腦的改變驅使歇斯底里症的發作。大腦的情緒構造藉由肢體接觸被活化的事實支持一般有關「轉換異常症」的想法，即心理創傷或壓力是生理症狀的根源，對於某些人而言，壓力變成與肢體麻木相關，而對於其他人卻成了身體活動或記憶產生問題，似乎心理創傷大大「蓋過」大腦的正常功能，科學家如此解釋，大腦情緒構造的不當活性可能抑制了與感覺及身體活動相關部位之正常活性，目前，典型情況是強調藉治療焦慮症或其他精神疾病的方法來處理此種症狀，因為醫生相信歇斯底里症的背後原因為焦慮症或其他精神疾病，然

而大腦研究卻指出：病人並沒有發瘋，而是產生一種「極為真實的過程」。

註　資料來源：*Neurology*, December12, 2006.

霸凌心理學

　　「霸凌行為」（bully）在字典上的定義為「傷害、為難或威嚇弱小者的人」，科學家指出這種行為典型發生於青少年，介於小學六年級至國中二年級學生年齡間達到高峰，從前的研究認為一般七歲至十二歲的青少年對於在痛苦中的人會自然產生同情心，然而新研究卻發現侵略行為可能使霸凌者感覺愉快，真正將自己的快樂建築在他人的痛苦上。

　　2008 年 11 月初有一個小型研究發表於《生物心理學》（*Biological Psychology*）期刊，使用「功能性磁共振影像掃瞄儀」（fMRI，簡稱「磁振造影」）來比較兩組十六至十八歲間男性青少年的

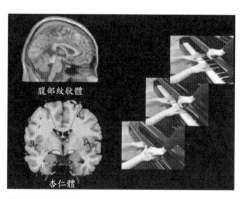

腹部紋狀體

杏仁體

霸凌者的大腦。

大腦活性，實驗組為八位具有侵略性的青少年，而對照組則為八位正常青少年，美國芝加哥大學的精神病學家讓他們觀看人們受到預期或意外傷害的錄影，同時記錄下他們產生反應的大腦活性，固然兩組青少年大腦中的疼痛中心都產生活性，但出乎科學家意料之外，那些行為具侵略性的青少年大腦中的愉悅中心同時被活化，表示他們對於所見到他人受苦的事也感覺快樂，這顯示是一種強烈且高度的非典型情緒反應，在正常人並未發生。

研究人員之一班哲明·拉黑（Benjamin Lahey）博士認為具侵略性行為的青少年罹患了「行為異常症」（conduct disorder），依據美國兒童及青少年精神病學學會定義，這是一種精神異常的疾病，其特性為患者對其他人及動物產生侵略、毀壞或傷害等行為，並包括偷竊、濫用毒品及性雜交情況。罹病青少年對疼痛反應的大腦迴路與正常人不同，在對照組，功能性磁振造影顯現杏仁體（大腦負責處理情緒反應的部位）與前額葉皮質（負責行為的自我控制）於同一時間被活化，表示對於疼痛情況起相關反應，即當正常人見到有人受傷時，他們的反應的是負面情緒，相反地，罹患行為異常症的青少卻在大腦的杏仁體及腹部紋狀體（ventral striatum）部位同時顯現活性，後者與愉悅及獎賞的行為有關，包括享受食物、性及毒品，這些與負面情緒不同，表示罹病青少

年卻出現正面情緒，顯示當他們見到其他人受苦時可能感到興奮並享受這種感覺，而且他們大腦的中前額葉皮質（medial prefrontal cortex）及顳頂葉連接（temporoparietal junction）沒有被活化，這原先能抑制愉悅情緒，顯然年少年罹患行為異常症時，對於他人痛苦不能感同身受之外還感覺愉快，這是由於缺乏能力來控制可能的不當情緒，他們對於他人的痛苦雖然有反應，卻是以自我強化愉悅的方式進行。

依據美國健康及人類服務部的調查，罹患行為異常症的情況並非十分普遍，大約影響 1%至 4%美國九至十七歲的青少年，而且在男孩比女孩更常見，這與青少年在年齡很小時遭遇到非常貧乏的「心理社會狀況」（psychosocial outcomes）有關，包括人際關係貧乏、被監禁、憂鬱症及自殺等行為。其他科學家指出霸凌行為典型在介於六年級至八年級的青少年間達到高峰，並且讓同學深具印象。如果有人利用侵略手段獲得某些實際利益（例如獲得社會認同及個人獎賞等）則與霸凌行為及行為異常症具有重要區別，因為侵略性行為能轉換成建設性進取行為，讓正常神經型態的個人在生命過程中的許多成就突出，不論在商業、運動或其他領域，該研究雖然不夠大型，卻也提出某些新的理論與問題，使我們對於青少年為何傾向侵略行為及暴力有更多了解。

要討論的是霸凌行為是學習得來還是與生俱來的？是雞生蛋還是蛋生雞？大腦行為學（brain behaviour）時常遇到這類困境，不過功能性磁振造影會是一種有用的技術，來偵測當年輕人開始顯現侵略行為時是否大腦中某些部位被活化，如果一個青少年發展出攻擊其他同伴的習性，醫生就可以掃瞄大腦來檢視其前額葉皮質有無活性，萬一發現前額葉皮質沒有活性，反而腹部紋狀體活性增加，而且該青少年反而樂在其中，這些行為與情緒就有可能表示這個青少年罹患了行為異常症，這時醫生可以及早介入並加以治療，設想一種方式將大腦途徑再程式化以協助預防疾病發生，或至少將其控制住，不過目前尚無良好治療方法存在。

漸成基因與遺傳設計

作者◆江建勳

發行人◆施嘉明

總編輯◆方鵬程

主編◆葉幗英

責任編輯◆徐平

美術設計◆吳郁婷

出版發行：臺灣商務印書館股份有限公司

台北市重慶南路一段三十七號

電話：(02)2371-3712

讀者服務專線：0800056196

郵撥：0000165-1

網路書店：www.cptw.com.tw

E-mail：ecptw@cptw.com.tw

網址：www.cptw.com.tw

局版北市業字第 993 號

初版一刷：2011 年 12 月

定價：新台幣 290 元

ISBN 978-957-05-2659-2

漸成基因與遺傳設計 ／ 江建勳著. -- 初版. -- 臺
　北市 ： 臺灣商務, 2011.12
　　面 ； 公分
　ISBN 978-957-05-2659-2（平裝）

1. 遺傳學　2. 基因　3. 通俗作品

363　　　　　　　　　　　　　　　100020352

《物理新論》
倪簡白 主編
定價 350元

　　物理這一學科所發表的文章更是難以計數,因為
篇幅的關係,所以選擇少數代表性的文章,而且以近
二十年為主。本書從中特別節選十九篇,其中包含二
位獲諾貝爾獎的楊振寧與李政道寫的三篇文章外,和
其他著名大學物理系教授的專文編成專書,其內容主
要皆是介紹物理新觀念與最新發展。

《當天文遇上其他科學》
曾耀寰　主編
定價　300元

　　隨著各類科學的快速進展，天文學和其他科學的關連也益發密切，天文學的研究範圍包山包海，除了傳統的天文觀測，應用其他領域的專業技術是不可避免。本書便是以天文學與其他領域的關連與應用為主軸，以統整的方式介紹在最近十年發表的天文專文，希望讓讀者能有更寬闊的眼光，欣賞我們的宇宙。

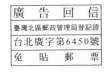
100台北市重慶南路一段37號

臺灣商務印書館　收

對摺寄回，謝謝！

傳統現代　並翼而翔

Flying with the wings of tradtion and modernity.

讀者回函卡

感謝您對本館的支持，為加強對您的服務，請填妥此卡，免付郵資寄回，可隨時收到本館最新出版訊息，及享受各種優惠。

姓名：＿＿＿＿＿＿＿＿＿＿＿　性別：□ 男 □ 女

■ 出生日期：＿＿＿＿年＿＿＿＿月＿＿＿＿日

■ 職業：□學生 □公務(含軍警) □家管 □服務 □金融 □製造　□資訊 □大眾傳播 □自由業 □農漁牧 □退休 □其他

學歷：□高中以下（含高中）□大專　□研究所（含以上）

地址：＿＿＿＿＿＿＿＿＿＿＿＿＿＿＿＿＿＿＿＿＿＿

電話：(H)＿＿＿＿＿＿＿＿＿　(O)＿＿＿＿＿＿＿＿

E-mail：＿＿＿＿＿＿＿＿＿＿＿＿＿＿＿＿＿

購買書名：＿＿＿＿＿＿＿＿＿＿＿＿＿＿＿＿

■ 您從何處得知本書？

□網路 □DM廣告 □報紙廣告 □報紙專欄 □傳單
□書店 □親友介紹 □電視廣播 □雜誌廣告 □其他

您喜歡閱讀哪一類別的書籍？

□哲學・宗教 □藝術・心靈 □人文・科普 □商業・投資
□社會・文化 □親子・學習 □生活・休閒 □醫學・養生
□文學・小說 □歷史・傳記

您對本書的意見？（A/滿意　B/尚可　C/須改進）

內容＿＿＿＿編輯＿＿＿＿校對＿＿＿＿翻譯＿＿＿＿
封面設計＿＿＿＿價格＿＿＿＿其他＿＿＿＿＿＿＿

您的建議：＿＿＿＿＿＿＿＿＿＿＿＿＿＿＿＿

※ 歡迎您隨時至本館網路書店發表書評及留下任何意見

臺灣商務印書館　The Commercial Press, Ltd.

台北市100重慶南路一段三十七號　電話：(02)23115538
讀者服務專線：0800056196　傳真：(02)23710274
郵撥：0000165-1號　E-mail：ecptw@cptw.com.tw
網路書店網址：http://www.cptw.com.tw　部落格：http://blog.yam.com/ecptw
臉書：http://facebook.com/ecptw